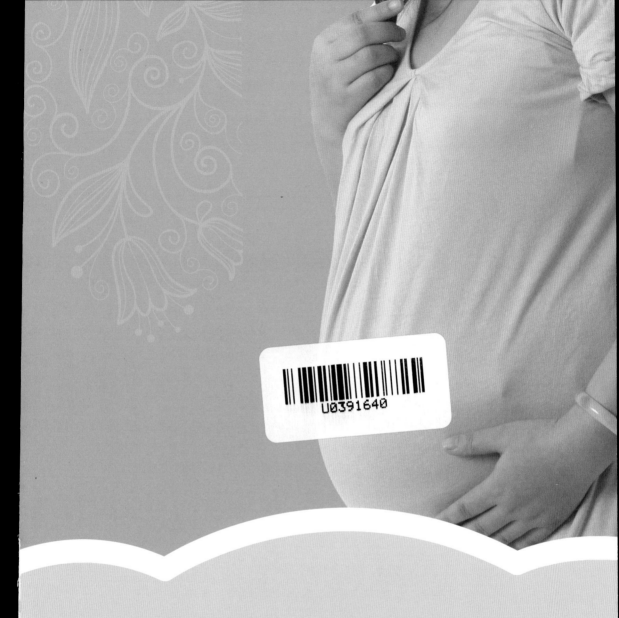

怀孕+坐月子怎么吃

协和营养师告诉你　　李宁 / 主编

中国妇女出版社

编者的话

　　怀孕对女人来说是件幸福的事，但是责任也相当重大，不但要照顾好自己，还要照顾好腹中的另一个小生命——胎儿。所有的父母都希望自己的孩子拥有一个最棒的开始，因此，能否让自己轻轻松松地度过怀胎十月，能否让胎儿健康、聪明地长大，就成了准妈妈、准爸爸最关注的问题。

　　准妈妈的身体在孕产期会发生较大的变化，不仅体重增加，血容量也在增加，同时还可能因为身体变化，经历孕早期的孕吐、食欲缺乏，孕中期几乎无时不在的饥饿感，孕后期的痔疮、便秘等，所以，准妈妈的饮食讲究就变得多起来了。此外，胎宝宝正处于人生中第一个高速发育时期——他将在胎儿期发育完成大部分的功能器官和大脑，最终从一个细胞发育成一个可爱的小婴儿——这些都需要准妈妈通过饮食摄入充分的营养，来满足胎宝宝生长发育的需求。

可是准妈妈自己没有经验，从长辈处得到的有效指导也很有限，加之长辈的一些老传统未必科学，所以亟须一个帮手来提供全面、科学的饮食指导。

本着优生优育的宗旨，我们特别聘请了北京协和医院营养科的李宁大夫，为广大的读者朋友主编了这本书。

为了方便准妈妈能对照孕程进行营养调整，本书根据孕产期的进程，提供了各阶段的同步营养方案，包括营养重点和具体的饮食安排，即使是从未接触过营养知识的人，也可以按照书中提供的饮食方案，做出最适合准妈妈吃的美味的孕产期菜肴。具体来说，书中的亮点如下：

● 精心制订了结构合理的一日饮食方案，准妈妈可以按照此方案安排自己的每日饮食。

● 根据孕期每个月的营养需求重点，为准妈妈设计了系列菜谱，让准妈妈或家人可以烹调出最美味的营养菜肴。

● 在每道菜谱后提供经验分享，指出菜肴烹调过程中的一些要点。

● 贴心地为需要忌口的准妈妈提供了各种食谱，让准妈妈在孕产期也可以品尝心仪美味。

● 设立的《常见饮食与营养问答》栏目，可解决准妈妈在孕产期遇到的一些饮食疑惑。

最后，本书还介绍了一些孕产期常见疾病的饮食疗法，让准妈妈或家人可以在第一时间了解孕期生病时的饮食宜忌，以及对症的食疗方法，既能尽量减轻准妈妈患病的痛苦，又能照顾到准妈妈的营养摄入，让准妈妈能轻轻松松地度过关键的孕产期。

希望这本书，能给所有准妈妈切实有效的指导，帮助准妈妈轻松度过孕产期，孕育出聪明、健康的宝宝。

目录
contents

PART 3
孕2月，妊娠反应期如何保证营养

PART 8
孕7月，用饮食调理孕期身体不适

PART 9
孕8月，少食多餐以缓解胃灼热

PART 11
孕10月，为分娩储备能量

PART 10
孕9月，注重补充多种维生素

PART 12
产后1～6周，饮食兼顾哺乳和身体恢复

PART 13
孕产期不适与疾病的饮食调养法

附　录

RART1 准备怀孕，
在孕前调养好"内环境"

孕前营养常识与营养需求

女性在孕前补充营养很重要，其原因有二：一是如果营养不良，可导致不孕；二是在孕前营养不足，会导致怀孕后胎宝宝缺乏营养，从而影响胎宝宝的生长发育。

孕前饮食习惯的调整

女性的身体就是胎儿将来的生活环境，这个环境的好坏，直接决定着胎儿的发育状况。女性至少要从孕前1个月开始调整饮食习惯，但最好是在孕前3个月就着手调整。因为有些身体内积存的毒素或有害物质作用时间较长，且不易排出体外，从孕前3个月开始调整，可以较大程度上避免这类物质的影响。

建议准备怀孕的女性远离垃圾食品，像烧烤、油炸食物等。另外，烟酒、咖啡等更要远离。

固有的饮食习惯改变起来比较困难，不过想想将来活泼可爱的宝宝，你就有力量了。然后再想一想如果不改变饮食习惯，会造成什么严重后果，这也是一种敦促力量。

从孕前3个月开始补充叶酸

叶酸应该在怀孕前3个月开始补充。叶酸在体内存留时间比较短，所以需要每天都服用，适宜的量为每天0.4毫克，一般用的都是斯利安叶酸片，1天1片即可。

补充叶酸时，尽量不要粗心漏服，但是如果漏服，也没必要加量补充，只需按照每天1片继续服用即可。

补叶酸千万不要过量，除了吃一些深绿色的、含有叶酸的蔬菜，每天只要补充1片斯利安叶酸片就好，千万不要想当然地认为多多益善，而擅自购买大剂量的叶酸片服用，因为叶酸过量同样会导致胎儿畸形。

服用叶酸最好一直持续到怀孕3个月后，这样才能最大限度地保证宝宝整个神经管发育的健全。在孕中期则可服用可不服用，没有特别要求。

孕前3个月开始服用叶酸片

♥ 少食或不食会妨碍受孕的食物

研究表明，摄入过量胡萝卜素食物的女性，怀孕成功的概率明显偏低，因为过量的胡萝卜素会影响卵巢黄体素合成，分泌量减少，从而导致无月经、不排卵或经期紊乱的现象，所以，建议准备怀孕的女性少吃含胡萝卜素高的食物。

有些食物会影响精子质量，如葵花子，其蛋白质部分含有抑制睾丸成分，能影响正常的生殖功能，增加不育的可能性，所以准备要宝宝的男性不要吃太多葵花子。大蒜有明显的杀灭精子的作用，男性也要少吃。

♥ 男性要常吃的助孕食物

含锌的食物：锌对激发精子的活力有独特的作用，在精子的成熟、运输，在女性身体中的移动和与卵子的结合过程中均出一份力，所以男性需要在孕育宝宝前适当补充锌，多吃含锌食物，如豆类、花生、小米、萝卜、大白菜、牡蛎、牛肉、鸡肝、蛋类、羊排、猪肉等。

含精氨酸的食物：精氨酸是精子形成的必需成分，并且也能够增强精子的活动能力，对维持男性的生殖系统正常功能有重要作用。含精氨酸丰富的食物有鳝鱼、海参、墨鱼、章鱼、木松鱼、芝麻、花生仁、核桃等。多摄入富含蛋白质的食物，也可以补充精氨酸，因为蛋白质就是由多种氨基酸组成的，其中也包括精氨酸。含优质蛋白质的食物包括牛奶、黄豆、鸡蛋、瘦肉等。

含维生素E的食物：维生素E被称为生育醇，由此可知其对生殖的价值。如果男性体内缺乏维生素E，对睾丸的伤害较大，自然也影响孕育宝宝。可以适当多吃些胚芽、全谷类、豆类、蛋、甘薯和绿叶蔬菜等补充维生素E。

♥ 男性也要补充叶酸

叶酸可以提高男性精子的质量，如果男性体内叶酸水平过低，精液的浓度会降低，精子的活动能力也会减弱，使受孕变得困难。叶酸还参与体内遗传物质DNA和RNA的合成。如果男性体内的叶酸水平缺乏严重，有可能使染色体出现断裂，从而增加畸形儿的概率。即使宝宝出生后不是畸形儿，成人后罹患严重疾病的危险性也会加大。所以，丈夫最好能跟妻子一起从孕前3个月就开始补充叶酸。

男性在平时的饮食中，不要太偏好于肉类，应适当吃些蔬菜，尤其是含叶酸较多的绿叶蔬菜。另外，最好每天也服用1片斯利安叶酸片。

牛肉　　　　鸡蛋　　　　花生

这些都是适合准备要宝宝的男性吃的食物

保证血气两足

准备怀孕的女性，如果是气虚、血虚或者瘀血的体质，最好能提前半年开始着手改善，以便孕期能更轻松、更愉快地度过。

气虚体质：主要表现为免疫力较低，少气懒言，语声低微，乏力疲倦，常出虚汗、动则更甚等。调理重点是多吃补气的食品，如小米、粳米、糯米、菜花、胡萝卜、香菇、豆腐、马铃薯、红薯、牛肉、猪肚、鸡肉、鸡蛋、鲢鱼、黄鱼、比目鱼等。

血虚体质：主要表现为面色苍白或枯黄、没有光泽，嘴唇、指甲缺少血色，头晕目眩，心悸失眠，手足麻木，月经量少或经期延后，甚至闭经等。调养重点是多吃含铁质的食物，如动物肝脏、瘦肉、禽蛋、牛奶、大豆及豆制品、红枣、葡萄、樱桃等。

瘀血体质：主要表现为身体较瘦，肤色暗沉，或有斑点、唇色暗紫、眼眶暗黑、舌有紫色瘀斑，还会有身体某部位的疼痛，如痛经。调理重点是多吃活血化瘀类的食物，如生姜、洋葱、大蒜、胡萝卜、黑木耳、茄子、荠菜、小麦、玉米、山楂、橘子、牛肉、猪肉、鸡肉等。

桂圆人参炖瘦肉

（原料）桂圆20克，人参6克，枸杞15克，瘦猪肉150克

（调料）盐少许

（做法）

1.将猪肉洗净切块；桂圆、枸杞洗净；人参浸润后切薄片。

2.将全部材料一同放入炖盅内，加入适量清水，用小火隔水炖至肉熟。

3.可加入少许盐调味后食用，也可清淡食用。

功效说明

人参具有大补元气、养血的功效，与瘦肉炖服能去除其苦味。

芡实莲子薏米排骨汤

(原料) 排骨500克，芡实30克，莲子20克
（去芯)，薏米30克，陈皮5克，姜1
片

(调料) 盐少许

(做法)

1.将芡实、莲子、薏米用清水浸泡2个
小时后清洗；排骨剁成小块，入沸水锅中汆
烫。

2.将排骨、芡实、莲子、薏米、陈皮和
姜一同放入锅中，加适量清水。

3.大火烧开后，转小火炖2小时，最后加
入少许盐调味即可。

 功效说明

这道汤补气的同时还有补血的功
效，还可以健脾胃、补肺肾，但是体内
火大、大便干燥、血行不畅的女性，吃
后会引起胸闷腹胀，所以不宜吃。

沙参山楂粥

(原料) 沙参、干山药、莲子、生山楂各20
克，粳米50克

(调料) 白糖适量

(做法)

1.将山药切成小片，与莲子、生山楂、
沙参一起加水泡透。

2.粳米淘洗干净，与除白糖以外的所有
材料一起放入锅中，加适量清水，大火煮沸
后，转小火熬成粥。

3.加入白糖拌匀调味即可。

 功效说明

有很好的活血化瘀功效，并且可益
气、健脾养胃、清心安神，对准备怀孕
的女性很有益处。

骨枣汤

(原料) 脊骨300克，红枣8颗，生姜适量

(调料) 盐适量

(做法)

1.将脊骨洗净，捣碎；红枣洗净，泡
开。

2.将脊骨、红枣、生姜一起放入瓦煲
内，加适量清水，大火烧沸后，转小火烧2
小时以上，汤浓之后，加少许盐调味即可。

 功效说明

红枣是补血益气的佳品，与骨头搭
配，益髓养血。

打造健康的卵子

　　卵子在女性出生之初就已经存在了，一直储存在卵巢里。正常情况下，每个月由一侧卵巢排出一个卵子。如果同时有两个或两个以上的卵子成熟并排出，就会形成异卵双胞胎或多胞胎。

　　正常的排卵时间是在月经来潮前的14天，也即两次月经的中间。卵子排出后，可以存活24个小时。如果恰好在这24小时里遇到了精子，就会受精怀孕；如果错过了，卵子则自然死亡，怀孕可以等下个月卵子排出时。所以，准备怀孕的女性要好好把握这个时间。

　　卵子的质量有可能随着女性的身体健康情况、激素分泌情况或者精神状态的不同而发生改变，所以，准备怀孕的女性要尽量保证月经白带正常，保持身体健康，体重适当，心理轻松愉快，给卵子的成熟和排出创造一个较好的环境。

　　另外，准备怀孕的女性在食物选择上要多注意一些，多吃绿色健康食品，远离垃圾食品，饮食营养均衡，补充足够的蛋白质、脂肪，并多吃富含维生素的食品。另外，还可适当多吃一些对子宫、卵巢有养护、补益、调理作用的食物，如益母草、红花、乌鸡、鸡蛋、红糖、黑豆、鲫鱼等。

黑豆豆浆

原料 黑豆100克

调料 白糖适量

做法

　　1.将黑豆清洗干净，倒入黑豆量2～3倍的温水浸泡7～8小时。

　　2.将泡好的黑豆倒入豆浆机中，加适量水，打成豆浆，加热煮开后，持续10分钟。

　　3.加白糖调味即可。

 功效说明

　　黑豆有刺激雌激素分泌的作用，可以促进卵泡的发育和成熟。另外，女性多喝豆浆，有提高身体抗病力、增强体质的作用。

红糖姜茶

原料 红糖250克，生姜150克

做法

1.将生姜洗净，剁成碎末，加入红糖充分混合。

2.锅中放适量水烧开，放入生姜和红糖，隔水蒸30分钟即可。

3.分成7份，月经干净后第二天开始每天早上吃一份，用温水冲服。

 **功效说明**

主要作用是暖宫活血，使经血通畅，可以给卵子提供一个好的生存发育环境，并供给足够的营养。

红花糯米粥

原料 糯米100克，当归10克，丹参15克，红花10克

做法

1.将红花、当归、丹参一同放入锅中，加入适量清水，煎约20分钟，去渣取汁。

2.糯米淘洗干净，加入药汁和适量清水，煮成粥即可。

 **功效说明**

红花、当归、丹参均有养血、活血、调经等功效，常吃可改善因血虚、血瘀引起的月经不调。

储存量多质优的精子

　　要想孕育出健康的宝宝，男性的作用当然不可或缺，因此准备当爸爸的男性也需要检查一下自己的生活习惯是否合理、健康，以保证精子的质量。

　　1. 要尽量避免接触高温环境，如桑拿房、蒸汽浴室等，因为高温会直接伤害精子，并抑制精子的生成。不要让体温急剧升高，尤其注意避免将手机放在裤兜里、笔记本电脑放在膝盖上、穿紧身裤等行为，不要让睾丸附近的温度过高。不要长时间过度压迫睾丸，像骑自行车时，就需要注意保护睾丸。

　　2. 抽烟喝酒的男性要戒烟戒酒，因为抽烟容易导致精子数量下降，而喝酒容易导致精子质量下降。

　　3. 丰富食物种类，并多吃绿色蔬菜。绿色蔬菜中富含的维生素C、维生素E、锌、硒等，有利于精子的成长。坚果、鱼类富含脂肪酸，对精子的生长也非常有利。

　　4. 中医认为，精血都是由肾脏来主宰的，所以要想精子健康，还要补肾益精。栗子、甲鱼、鲈鱼、猪腰、山药、芝麻、桑葚、枸杞都有补肾益精的作用，可以常吃。

鱼虾粥

(原料) 大米100克，鲜虾、鲈鱼片各50克，葱2根，嫩姜1片

(调料) 盐适量，胡椒粉少许

(做法)

　　1.大米淘洗干净，用清水浸泡30分钟；虾剪去须脚、头刺，挑去泥肠，洗净沥干。

　　2.葱洗净切碎；姜切丝。

　　3.大米放入锅中，加入适量清水，用大火煮沸，转小火煮至米粒熟软。

　　4.放入姜丝，转中火，放入虾、鱼片煮熟，加入盐调味，撒上葱花再煮沸一次，撒少许胡椒粉即可。

功效说明

　　鱼、虾的微量元素和氨基酸含量较高，还含有荷尔蒙，有助于补肾益精。

爆人参山鸡片

原料 鲜人参15克，鸡胸肉200克，冬笋25克，黄瓜25克，蛋清1个量，香菜、葱、姜各适量

调料 盐、味精、淀粉、香油、料酒、植物油各适量

做法

1.将鸡胸肉洗净切片，加盐、味精拌匀，再加蛋清、淀粉拌匀。

2.黄瓜洗净切片；冬笋去皮，洗净切片；人参洗净切片；葱、姜洗净切丝；香菜洗净切段备用。

3.锅中放入适量油烧热，倒入鸡肉片炒散，盛出。

4.再次在锅中放油烧热，下入葱、姜、笋片、人参煸炒，再下入黄瓜片、鸡肉片、香菜略炒，倒入盐、味精、料酒炒熟，淋几滴香油即可。

 **功效说明**

佐餐食，可以大补元气，补肾养阴，如果男性有遗精、精液量少的情况，常吃可以有效改善。

溜炒黄花猪腰

原料 猪腰500克，黄花菜50克，姜、葱各适量

调料 盐、糖、淀粉、植物油各适量

做法

1.将猪腰剖开，去筋去膜，洗净，切成块；黄花菜用温水泡发，切成寸段；葱洗净切成葱花；姜洗净切丝备用。

2.锅中放入植物油烧热，再放入葱花、姜丝炒出香味，放入猪腰块爆炒。

3.猪腰将熟时，加黄花菜、盐、糖煸炒，将淀粉加适量水勾芡，汤汁透明时即可。

功效说明

佐餐食之，可以补肾强腰，固涩精液，同时还有益脾之功。

黑豆炖羊肉

原料 羊肉500克，黑豆50克，枸杞数粒，生姜2片

调料 料酒、花椒、盐各适量

做法

1.将羊肉洗净切块，放入冷水锅中烧开，捞出冲净；黑豆洗净，用清水浸泡4小时；枸杞洗净。

2.锅置火上，放入羊肉块、姜片、黑豆、料酒、花椒和适量水，大火烧开后，改用小火炖至八成熟，加入枸杞和盐炖熟即可。

 **功效说明**

黑豆性味甘平，可治肾虚，羊肉性干温，益气补血，二者搭配可以温肾壮阳，补益精子。这道菜最适合在冬季食用，夏季不宜食用过频、过多，以免上火。

排出体内积存的毒素

为给胎宝宝打造一个良好的生活环境，女性在孕前最好能进行排毒。清除体内毒素最佳的方法是食疗，建议孕前半年就开始着手进行，并且要坚持下去。

有利于排毒的食物有以下几种：

动物血：动物血液中的血红蛋白被胃液分解后，可与人体中吸入的烟尘和重金属发生反应，提高淋巴细胞的吞噬功能。

鲜蔬果汁：鲜蔬果汁中的生物活性物质能阻断亚硝胺对机体的危害，还能改变血液的酸碱度，有利于防病排毒。多种维生素有抗氧化、保护皮肤、防癌等功效，膳食纤维还可帮助肠胃蠕动，促进废物顺利排出。

海藻类：海带、紫菜等所含有胶质，能促使体内的放射性物质随大便排出体外，故可减少放射性疾病的发生。

韭菜：韭菜富含挥发油、膳食纤维等成分，可助吸烟饮酒者排出毒素。

豆芽：豆芽含多种维生素，能清除体内致畸物质，促进性激素生成。

苦味食品：苦味食物含有生物碱、尿素类等物质，有解热祛暑、消除疲劳的作用。最佳的苦味食物和茶叶有：苦瓜、杏仁、苦菜、苦丁茶等。

绿豆薏米粥

(原料) 绿豆20克，薏米20克

(调料) 白糖适量

(做法)

1. 将薏米和绿豆洗净，用水浸泡一夜。

2. 将浸泡的水倒掉，再向绿豆和薏米加入新的水，用大火烧开。

3. 烧开后用小火煮至熟透即可。食用时加入适量白糖调匀。

 功效说明

绿豆和薏米有利尿、解毒的效果，能使体内毒素尽快排除。

海带豆芽汤

原料 水发海带100克，黄豆芽100克，姜适量

调料 盐、味精、香油各适量

做法

1.将海带洗干净，切成丝；黄豆芽去掉老根，洗净；姜切片备用。

2.将海带丝、黄豆芽、姜片一起放入砂锅，加满水，大火烧开后，转小火炖1小时。

3.加盐、味精，滴几滴香油调味即可。

 功效说明

海带和豆芽都是排毒佳品。这道汤还能降低胆固醇与血脂的含量。炖汤时，要注意观察砂锅中的水，不要烧干，可适当添加。

韭菜炒鸡蛋

原料 韭菜1小把，鸡蛋2个

调料 盐、植物油各适量

做法

1.将鸡蛋打入碗中，打散，韭菜择净，清洗，切成小段放入碗中，加盐，倒少量水，搅匀。

2.锅中放适量植物油，烧热，将蛋液倒入，底部凝固后，轻轻翻炒至熟。

 功效说明

韭菜不但有解毒功效，还有健胃、提神、补肾助阳、固精的作用，还能促进血液循环，增强体力，孕前和孕早期常吃有利于整个孕期健康。

芹菜雪梨汁

原料 新鲜芹菜100克，新鲜雪梨150克，西红柿1个，柠檬半个

做法

1.将芹菜洗净，切段；雪梨洗净，去皮切小块；西红柿洗净，切块；柠檬洗净，去皮切块。

2.将所有材料一同放入榨汁机榨汁即可。

 功效说明

长期面对电脑的女性会发现面部不知不觉长了色斑，这就是毒素沉积的表现，需要排毒。芹菜含有丰富的膳食纤维，可以过滤体内的废物，刺激身体排毒；雪梨具有清热解毒、滋润皮肤、利肠通便的功效。这道果蔬汁，每天饮用一次，可以起到很好的排毒功效。

祛湿除热，通畅身体

怀孕对女性来讲是件辛苦的事，尤其当身体有其他不适时，会更麻烦。因此，体内湿热的女性要尽快祛湿除热，使身体恢复到轻松的状态。

身体有湿气： 表现为体型肥胖，口渴但不思饮，胸闷昏眩，月经周期紊乱，经血量大，大便黏液多等。可以多吃芦笋、荸荠、慈姑、香菇、赤小豆、薏米等祛湿食物，少吃番薯、马铃薯、芋头、橘子、海鲜，少喝牛奶、汽水等，以免加重湿气，并减少肉类的摄入。

体质偏热性，有虚热与实热之分。

虚热体质： 表现为形体瘦弱，容易口渴、烦躁，容易便秘、睡不好、耳鸣、经血量少。这样体质的女性不容易怀孕，即使怀孕，孕期生活也会比较辛苦。可以多吃些生菜色拉、果菜汁等清凉食物，搭配西洋参、麦门冬、六味地黄丸来调理。不要吃过分寒凉的食物，如冰冻食物，以免不适加重。

实热体质： 表现为身体壮硕、面色红赤、容易便秘、毛孔粗大、尿黄赤、怕热、喜冷饮，月经量大，容易口干、口臭，精神高涨等。这样体质的女性怀孕后口干、口臭、便秘的毛病会加重，而且很容易牙龈出血、肿胀等。孕前调理可以多吃一些清凉食物，而寒凉食物和燥热食物如冰淇淋、辛辣食物、油炸食物、烧烤食物、羊肉、姜等要尽量避免。

冬瓜赤豆汤

原料 冬瓜500克，赤豆30克

调料 盐少许

做法

1.将冬瓜去皮，去瓤，洗净；赤豆洗净，用清水浸泡半小时。

2.将冬瓜、赤豆放入锅中，加入适量清水，煮汤。

3.赤豆软烂时加盐即可。

功效说明

冬瓜与赤豆都有上佳的利尿祛湿功效。赤豆还可以润肠通便、降血压、降血脂，很适合备孕的女性食用。

白萝卜豆腐

豆腐1块，姜汁1小匙，白萝卜半根，海带丝、面粉各少许

调料 酱油1大匙，白糖1小匙

做法

1.将豆腐切成小块，蘸上面粉；白萝卜洗净，入蒸锅中蒸熟后搅拌成泥状。

2.酱油、姜汁、白糖和适量清水兑成汁。

3.豆腐上放少许白萝卜泥，淋上调好的汁，加少许海带丝，上蒸锅蒸10分钟即可。

功效说明

白萝卜可以清虚热，通畅肠胃；豆腐蛋白质丰富，钙含量高，两者都是备孕期女性所需要的，不妨经常食用。

鲜笋拌芹菜

原料 鲜嫩竹笋100克，芹菜100克

调料 味精、盐、植物油各适量

做法

1.将竹笋洗净，放入开水锅中煮熟，捞出，切成滚刀片。

2.将芹菜洗净，切段，放入开水锅中略烫，捞出控净水。

3.将竹笋片与芹菜段混合，加入盐、味精，滴几滴熟的植物油调味即可。

功效说明

佐餐食，可清热通便，非常适合有实热而大便干燥的女性。

清热祛湿汤

原料 土茯苓250克，粉葛250克，赤小豆50克，扁豆50克，陈皮半个

做法

1.将土茯苓去皮切段；粉葛去皮切段；赤小豆和扁豆、陈皮分别洗净。

2.所有材料一起放入锅中，加入8碗水，大火煮开，转小火煮3小时即可。

功效说明

祛湿清热，功效显著。每天喝1/3即可。

孕前常见的营养疑问

Q1: 太胖、太瘦不易受孕吗

太瘦或太胖会造成脂肪比例失衡，导致女性内分泌失调，雌激素、雄激素、血清性激素水平发生异常，或者代谢发生异常，从而影响怀孕。

太胖或太瘦是以BMI指标来判断的，BMI的计算方法：BMI=体重（kg）/身高（m）^{2}。

如果该数值在18.5~23.9之间就没有问题，如果不足18.5，就偏瘦，超过24就偏胖，都会对受孕有一定影响。另外，太胖或太瘦的女性，也可以把月经周期作为判断标准，如果伴有月经周期不调，经期太长或太短，那么不易受孕的概率会更高，即使怀孕也会导致孕期出现一些并发症，更需要及时调理。

Q2: 工作餐怎样保证营养

1.早餐要精心准备，尽量做到营养充足。最好不要随便在小摊买豆浆、油条食用，可以在头天晚上准备一些包子，第二天热着吃，然后搭配一杯牛奶、一个鸡蛋、一碟小菜等，把早餐吃好。

2.午餐点菜时最好能考虑到营养搭配，主食和菜都要有，菜最好荤素搭配。另外，尽量吃蒸煮的或者大火爆炒的菜，这样的食物营养保留较好，而红烧和油炸的食物就尽量不点。

3.在办公室里存一些水果或干果，饭后1小时吃一些，可作为午餐的补充。

Q3: 停服避孕药后需要补充什么营养素

长期服用避孕药的女性，要注意补钙，不管是服药时，还是停药后。准备怀孕时，更要特别注意补充，因为避孕药会导致女性骨密度降低，容易引起骨质疏松。及早补钙，可以阻止女性髋部和脊柱骨质的流失，从而维护整个孕期健康，并保证分娩顺利。

长期服用避孕药的女性补钙时，不要盲目进行，最好能去医院做一个骨密度和血钙含量的检测，然后由医生给出适当的钙摄入量，以免摄入超量，引起反作用。

高钙的食物有牛奶、山核桃、松子、杏仁、花生、葵花子等。特别推荐的是牛奶，牛奶含钙量很高，每100克就含有105毫克的钙，对女性补充钙质很有帮助。

RART2 孕1月，
均衡饮食确保营养全面

胎儿的生长发育与母体变化

💟 准妈妈身体变化

在怀孕第1个月，准妈妈的身体在外观上，看不出任何变化，而且准妈妈自己可能也没有任何感觉，或是仅感觉有些倦怠，类似感冒。有些准妈妈就是把怀孕初期的感觉当成了感冒，而懵懵懂懂吃了感冒药，以致最后不得已选择了流产。因此要提醒正在备孕的女性一定要注意，如果有了不适，首先要想到怀孕的问题，不要随便吃药。

准妈妈的子宫里正在发生着一场革命性的变化，有卵子与精子的相遇受精，受精卵的分裂、移动，受精卵最后的着床等。在受精卵着床时，有的准妈妈会有少量出血现象。受精卵着床后，准妈妈可能会有些不适，也有可能毫无感觉。当然，最明显的变化是月经过期不来，这时，细心的准妈妈一般都会意识到宝宝的存在了。

💟 1～2周

孕龄是从准妈妈末次月经第一天算起的，所以怀孕1～2周时的胎宝宝在实际上还不存在，他还是在爸爸体内养精蓄锐的精子和在准妈妈体内茁壮成长，并正经历竞争的卵子。所以，此时的准爸爸准妈妈应该摄入丰富均衡的营养，补益它们，以便使它们更加强壮，达到"精壮卵肥"的佳境，这样孕育出来的宝宝就会更健康。

到2周周末的时候便进入排卵期了。成熟的卵子从卵巢排出后，会在输卵管2/3的壶腹部等待精子的到来。准爸爸体内约3亿个精子也已经做好准备，即将展开一场激烈的竞争。这些精子将在准妈妈的体内经历长时间的跋涉，淘汰掉大部分对手，最后，约有300个精子来到卵子身边。

准确把握排卵期——基础体温测量

准备专用的基础体温计，放在睡床旁伸手可及的地方，次日醒来后，未活动前，放在舌下5分钟，将体温数据记录在基础体温表上，坚持3个月。如果数据规律，就可以在下个周期中，排卵期即将来临，但体温仍处在低温期时开始，每隔一两天或每天同一次房，这样怀孕的概率会比较高。

💗 胎儿3周

这一时期，也就是准妈妈月经后的第二周，是受孕的黄金期，正在备孕的准妈妈和准爸爸要把握好。可以在这段时间隔天同房或每天同房，以提高受孕的概率。

3亿个精子经过竞争，只有约300个来到了卵子身边，但最终幸运地进入卵细胞的精子只有1个。卵子与精子结合后，形成了一个新的细胞——受精卵，即孕卵，这时胎宝宝就正式存在了。当然，有时也会有2个或2个以上的精子同时进入卵细胞中，那么很幸运的准妈妈就拥有了双胞胎或者多胞胎，需要加倍地吸收营养来滋养宝宝。

💗 胎儿4周

受精卵形成以后，开始急速分裂，大约3天后，就已经分裂出12～16个细胞，变得像一个桑葚，叫作桑葚胚。在分裂的过程中，受精卵还会不停地移动，开始由输卵管向子宫进发，2天以后，桑葚胚已经分裂成长成一个拥有100多个细胞的胚泡，开始准备着床。正常的着床是在子宫前壁或后壁的中上部，如果着床在输卵管，就会形成宫外孕，引发意外；如果着床在宫颈口附近，就形成了前置胎盘，会给将来的分娩造成小小的麻烦。

着床的过程大约需要6天时间，着床后的胎宝宝会与准妈妈的子宫内膜互相黏附，分泌出人绒毛膜促性腺激素，这种激素会阻止准妈妈的月经来潮，并会带给准妈妈一些不适感，只是有的准妈妈体质好，根本感觉不到，有的准妈妈可以感觉到，但一般都还不明显。

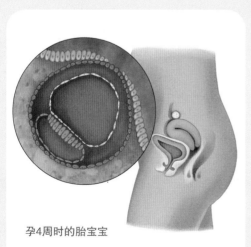

孕4周时的胎宝宝

专家叮咛

正确使用验孕试纸

一般在月经推迟2周以后，用验孕试纸检测怀孕与否，结果会比较明显和可信。购买验孕试纸时，要注意其保质期，过了保质期的验孕试纸不准确。使用之前，要仔细认真阅读使用说明，以提高准确度。测试，最好用早晨起来第一次排出的尿液进行，然后对照说明就可以看出怀孕与否。如果不准，最好去医院咨询医生，并做专业的检查。

营养需求

蛋白质、脂肪、碳水化合物

蛋白质、脂肪和碳水化合物是人体的3种基础营养素，没有了这3种营养素，也就不存在人体。由此可知这3种营养素对正在萌芽的胎宝宝非常重要，准妈妈要有足够的摄取。

蛋白质：蛋白质是构成人体细胞的主要物质，是细胞构成的物质基础，因此人体每一个细胞都是由蛋白质作为基础框架的，包括肌肉、骨骼、毛发、血液、内脏、激素、抗体等，没有一个细胞能够离开蛋白质而独立存在。刚刚萌芽的宝宝只是一个细胞，需要从这一个细胞不断分裂，慢慢成长为一个婴儿，这是一个发育的旺盛期，因此就更需要蛋白质的支持，而且需要量较大。准妈妈在此时的蛋白质摄入，每天要保证达到70克，如果长期摄入不足，会导致胎宝宝发育迟缓、体重过轻，严重时还会影响智力发育。此时的蛋白质摄入不仅要足够，还要高质量，所以要多摄入优质蛋白质，像鱼类、肉类、蛋类、奶类、豆类等。

脂肪：脂肪是人体细胞的重要组成部分，细胞膜、神经组织、激素的构建都需要脂肪的参与，对宝宝细胞膜的完整、中枢神经系统的发育和前列腺素合成都起着重要作用。此时，准妈妈需要适当增加脂肪的摄入，每天从各种食物中摄入的脂肪总量应在60克左右。如果摄入不足，会导致胎儿体重不增加，大脑和神经系统发育减缓等。选择脂肪时，以植物性脂肪为好，植物性脂肪要比动物性脂肪对人体更有利，消化率高、亚油酸含量丰富，而且含有大量的维生素E。

碳水化合物：碳水化合物也是细胞的重要构成物质，它以糖脂、糖蛋白和蛋白多糖的形式存在于每一个细胞中，分布在细胞膜、细胞器膜、细胞质以及细胞介质中，因此宝宝身体构建过程中也少不了碳水化合物的参与。另外，碳水化合物也是准妈妈活动的主要能量供给者，这个月要适当多摄入一些，每天应不低于150克。未来的两个月，准妈妈可能会胃口不好，并频繁孕吐，因此不能摄入足够营养，那么从储备能量的意

义上讲，此时多摄入一些碳水化合物也是必要的。碳水化合物的主要来源是大米、面粉等谷类食物和红薯、土豆等薯类食物，另外，还有蔗糖等糖类食物。

♡ 维生素

维生素族群庞大，对胎宝宝的器官形成有独特的重要作用，如正确摄入叶酸和维生素B$_{12}$可以预防神经管畸形和巨幼细胞性贫血；正确摄入维生素C可以保护细胞，有助于保证宝宝细胞的完整性和新陈代谢的正常运行，另外可以帮助准妈妈加强铁和钙的吸收，以防缺钙和贫血。此时需要关注的就是B族维生素和维生素C。

B族维生素：大部分的B族维生素都存在于谷类粮食、鱼类、肉类、奶类和坚果类中，而叶酸却较多地存在于绿叶蔬菜和水果中，如芹菜、卷心菜、柑橘、橙子等，所以准妈妈的饮食结构要合理、全面，以保证各种维生素的合理摄入。另外，叶酸的性质很不稳定，遇热遇光容易失去活性，所以蔬菜可以生吃的尽量生吃，不能生吃的，可以大火急炒，最好不要慢火炖煮。而且所有蔬菜水果要尽量趁新鲜吃，以便最大程度上保留营养。准妈妈如果怀孕反应强烈，吃不下多少食物，可以请教医生，用营养制剂来补充维生素。

维生素C：含维生素C丰富的食物主要是水果和蔬菜：每2颗樱桃含有约100毫克，每1个番石榴含200毫克左右，1个红椒含有约400毫克，1个黄椒约含有350毫克，1个柿子含有100毫克，1株西蓝花约含400毫克，1颗草莓含15毫克，1个橘子含78毫克，1株芥蓝含200毫克，1个猕猴桃含68毫克，西红柿、木瓜等的含量也较高，准妈妈可以把这些水果混合起来做成沙拉，或与酸奶拌和，这样既美味又营养，能让准妈妈胃口大开。

无论蔬菜还是水果，其中的维生素C要想全部保留、利用都很难做到，只有尽量趁新鲜吃，尽量缩短烹调时间，出锅后，尽快吃完，才可最大限度地防止维生素C的大量流失。不过西红柿是个例外，它的维生素C不易流失，烹调时可以不计时间长短。此时的准妈妈每天摄入的维生素C要达到100毫克。

饮食均衡才能合理摄入各类营养素

♥ 矿物质

矿物质是构成人体组织和维持正常生理活动的重要物质，每种矿物质在人体内的含量都不高，但是起着很重要的作用。在这一时期，最重要的就是铁和钙。

铁：铁参与人体内血红蛋白的形成，从而有促进造血的作用，胎宝宝在母体内的时候，需要从母亲体内吸收大量铁，所以准妈妈孕期比较容易缺铁，要尽量及时补充，此时每天摄入的铁不应低于20毫克。

含铁丰富的食物有动物肝脏、动物血、瘦肉、红糖、干果、蛋类、豆类、桃、梨、葡萄、菠菜等。植物性食物中的铁不如动物性食物中的铁容易被吸收，如果把动物性食物与植物性食物搭配食用，则可以提高铁的利用率，所以建议荤素搭配。另外，茶、咖啡、牛奶中的蛋白质会影响铁的吸收，补铁时要注意避开。

维生素C有利于铁在人体中的吸收，因此补铁时，不要忘了适当摄入维生素C。

钙：钙是构造骨骼和牙齿的主要成分，胎宝宝从6周时就会开始萌生乳牙胚，需要从准妈妈身体中吸收大量钙，所以准妈妈要适当补钙。孕初期的准妈妈每天要补充不低于800毫克的钙，可以从正常饮食中摄取的钙为400毫克，另外可以喝250毫克～500毫升的牛奶作为补充，也可以服用钙制剂，不过服用量要咨询医生。补充钙也不能过度，那将会使准妈妈和宝宝骨骼弹性减弱，容易造成分娩困难。

钙的主要来源是牛奶和奶制品、大豆及豆制品，还有虾皮、海带、芝麻等食物。另外，绿叶蔬菜的含钙量也比较丰富，但是其中的植酸会与钙发生化学反应，降低其利用率，因此食用绿叶蔬菜时，最好能用开水先汆烫一下，减少植酸。

维生素D可以促进钙的吸收，所以补钙同时可以多吃一些含维生素D丰富的食物，或多晒太阳，促进维生素D生成。

牛奶、豆制品、芝麻含钙都比较丰富

准妈妈一日饮食方案

怀孕期间，准妈妈每天需要的热量会随着胎宝宝的长大而不断增加，在怀孕第1月时，保持与之前一样的摄入量即可，一般为2100卡路里，即主食300克～500克，蔬菜500克～800克，水果200克～250克，鱼肉类200克～250克，蛋类1～2个，豆类食品100克～200克，鲜奶250毫升。准妈妈每天要摄入与此相当的量，另外还要多喝水，每天不少于5杯。推荐一个每日饮食方案给准妈妈参考：

早餐：牛奶1杯+自制三明治1个

三明治做法：将1片吐司面包片、1片生菜、1片奶酪，或1片面包、1片西红柿、1片火腿，再放1片面包片，层层叠加，最后用刀将面包硬边和留在边外的其他材料一起切去，沿着面包对角线切开，即成2个三明治。

7:00～7:30 早餐

午餐：菠萝炒饭+苦瓜烧排骨+鱼头豆腐汤

菠萝炒饭做法：在锅中放适量油，磕入一个鸡蛋，炒散，依次放入1碗米饭、40克烤肉丁、25克熟虾仁，炒出香味，再放入葱花、盐、味精略炒，最后，将70克菠萝肉放入炒匀，放入香菜即可。可以把菠萝壳当碗，更能增加食欲。

12:00～12:30 午餐

晚餐：田园小炒+猪肉韭菜馅水饺

田园小炒做法：锅中放入植物油烧热，依次放入100克西芹段、50克鲜香菇块、50克鲜草菇块、50克胡萝卜丁，翻炒均匀，烹入料酒，加入盐，大火爆炒2分钟后，加入西红柿丁（5个小西红柿），翻炒均匀即可。

18:30～19:00 晚餐

9:30～10:00 加餐
酸奶1杯+饼干2块

15:00～15:30 加餐
蛋糕1块+牛奶250毫升

优质蛋白餐

牛奶炖豆腐

原料 豆腐200克，牛奶200毫升，葱花适量

调料 盐少许，糖1小匙，味精少许

做法

1.将豆腐切块放入锅中，加入牛奶和适量清水。

2.锅置火上，大火烧沸后，依个人口味加入调味料即可。

 经验分享

用牛奶入菜时，不要过早加入，一般在其他材料熟后加入温热即可，以免其中营养遭到破坏。

雪花豆腐羹

原料 豆腐250克，河虾20克，鲜香菇1朵，松仁10克，鸡胸肉50克

调料 盐、料酒、淀粉、高汤、香油各适量

做法

1.将豆腐切薄片，放入开水锅中汆烫后，捞出切碎；香菇洗净，切成小丁备用。

2.把高汤倒入锅中，小火煮沸，放入除淀粉之外的所有材料，慢慢搅动。

3.滚开后，用淀粉加水勾芡，淋上几滴香油，待汤再次沸腾即可。

 经验分享

豆腐的蛋白质很容易吸收，与虾、鸡胸肉搭配，蛋白质的氨基酸更全面。

鸡肉卤饭

原料 米饭250克，鸡肉、冬笋、鲜豌豆各50克，干香菇25克，蛋清、葱花适量

调料 淀粉5克，酱油1大匙，盐2小匙，味精、鸡汤、植物油各适量

做法

1.香菇用热水泡发，洗净切小丁；冬笋去皮切小丁；鲜豌豆去壳。

2.鸡肉洗净切小丁，加入鸡蛋清和一半淀粉，搅拌均匀，放入热油锅中炒熟盛出。

3.另起锅热油，放入葱花爆香，加冬笋、香菇、鲜豌豆、盐，炒至将熟时，放入米饭、鸡丁和酱油炒熟，盛出。

4.将鸡汤放入锅中烧开，加盐，用淀粉勾芡，加入味精，浇在炒好的饭上即可。

 经验分享

营养全面、丰富，很适合体质虚弱的准妈妈常吃。

鱼粒虾仁

原料 净鱼肉100克，虾仁100克，荸荠100克，鲜玉米粒50克

调料 鸡汤1小碗，淀粉、盐、鸡精各适量

做法

1.将净鱼肉、虾仁洗净后，分别切丁，混合后加入适量淀粉拌匀；荸荠洗净，去皮切丁；鲜玉米粒洗净备用。

2.在锅中放入适量植物油，烧热，放入鱼丁和虾仁丁，炒散，倒入鸡汤，放入荸荠，加入盐、鸡精，继续翻炒，炒至荸荠呈现出半透明状态。

3.将玉米粒放入翻炒，炒至玉米熟即可。

 经验分享

翻炒时动作要轻，以免把鱼肉炒碎。这道菜既清淡又美味，而且蛋白质丰富，非常适合此时的准妈妈食用。

丝瓜瘦肉汤

原料 丝瓜150克，猪里脊肉100克，葱1根，姜2片

调料 高汤1碗，盐1小匙，白胡椒粉、植物油、香油各适量

做法

1.丝瓜洗净，去皮，切片；猪里脊肉洗净，切薄片；葱洗净，切段备用。

2.锅中倒入油烧热，放入姜片及葱段，爆香，倒入高汤，放盐、肉片，煮至肉将熟。

3.加入丝瓜，转小火煮约5分钟，撒上白胡椒粉，滴几滴香油即可。

 经验分享

丝瓜味道清香，且具有凉血解毒的功效，对孕早期略显烦躁的准妈妈有一定的安抚作用。

百合炒鸡羹

原料 鸡蛋2个，鲜百合200克，菠菜100克，小葱1段

调料 盐、味精、胡椒粉、植物油各适量

做法

1.鲜百合择洗干净，用开水汆烫一下捞出；葱洗净切末；菠菜洗净。

2.将鸡蛋打入碗里，放适量盐、味精、胡椒粉搅拌均匀，倒入热油锅中炒熟盛出。

3.另起锅，放入适量油，待油烧至5成热时，放入葱末炒香，加入百合和菠菜翻炒几下，下入鸡蛋拌炒均匀，加入盐、味精调味即可。

 经验分享

鸡蛋的蛋白质丰富且优质，准妈妈可以经常将之作为早餐，可强壮身体、增强免疫力。

补钙餐

菠菜蛋卷

原料 鸡蛋1个，菠菜叶50克

调料 盐、香油、植物油各适量

做法

1. 将鸡蛋磕入碗中，搅打成液。

2. 不粘锅置火上，刷上薄薄一层植物油，倒入鸡蛋液摊成蛋饼，取出，用厨房纸巾吸走蛋饼两面的油分。

3. 菠菜叶洗净，放进开水里汆烫一下，捞出沥水，然后剁成菠菜泥，挤去多余的水分，加入盐和香油拌匀。将拌好的菠菜泥放到蛋饼上，卷起、切段装盘即可。

经验分享

鸡蛋中含有丰富的钙质，但菠菜含有植酸，会影响钙质的吸收，所以要先将菠菜汆烫一下，这样可以将菠菜中大部分的植酸消除，从而减少其对人体吸收钙质的影响。

麻仁红薯粥

原料 黑芝麻10克，红薯100克，小米100克，腰果5颗

做法

1. 将小米和黑芝麻洗净，红薯洗净切块，腰果切碎，一起放入锅中。

2. 加适量水到锅中，大火煮开，小火煮至红薯、小米软烂即可。

经验分享

黑芝麻和红薯都含有丰富的钙质，另外还含有丰富的钙、磷、铁质等十多种微量元素和亚油酸等营养素，营养价值很高，很适合准妈妈在孕早期食用。

时蔬牛骨汤

原料 牛骨1000克，胡萝卜500克，西红柿、西蓝花各200克，洋葱1个

调料 黑胡椒、盐、植物油各适量

做法

1. 牛骨剁大块，洗净，放入开水中汆烫5分钟，取出用清水冲净。

2. 胡萝卜去皮切大片；西红柿对切成4块；西蓝花切大块；洋葱去皮切块。

3. 锅内放油烧热，放入洋葱块炒香，加适量水煮开，加入牛骨、西红柿、胡萝卜煮2个多小时，然后放西蓝花，煮熟后放盐、黑胡椒调味即可。

经验分享

牛骨中钙含量丰富，其他材料富含多种维生素和矿物质，营养全面。

猪蹄炖海带

原料 猪蹄2只，水发海带100克，黄豆50克，葱、姜、蒜各适量

调料 盐、味精、醋各适量

做法

1.将海带洗净切成菱形块；葱切段、姜切片、蒜切片；黄豆洗净用水泡涨。

2.将猪蹄放入冷水中，大火煮开撇去浮沫，放入黄豆、葱、姜、蒜、醋，小火煮40分钟；加入海带，煮至海带软烂，猪蹄酥烂，加入盐、味精调味即可。

经验分享

猪蹄和黄豆含有丰富的钙质，海带含有丰富的维生素D，有利于人体对钙质的吸收，而加入一点儿醋，可以最大限度地析出猪蹄中的钙质。

油焖大虾

原料 大虾300克

调料 蚝油、白糖、醋、生抽、姜、蒜、小葱、植物油各适量

做法

1.将虾剪去虾枪、虾须，挑去虾肠；将蚝油、糖、醋和生抽调成汁。

2.锅里倒油烧热，放入葱、姜、蒜，小火炒香。

3.放入虾，转中火，煎至虾壳酥脆。

4.调入料汁；大火烧开后转中火炖煮收汁，撒一些葱花后即可。

经验分享

虾含有丰富的蛋白质，虾皮中含钙，虾壳酥脆，可连壳一起吃，口感也很不错。

补铁餐

腰果鸡丁

原料 鸡小腿2只，腰果50克，青、红椒各半个，蒜2瓣，姜3片，葱1段

调料 醋2小匙，水淀粉、糖、酱油、料酒各1小匙，盐少量，植物油适量

做法

1.将鸡腿去骨，鸡肉拍松，切小块，加入酱油、水淀粉、糖、醋、料酒和少量盐以及适量的水抓匀腌制。

2.将锅烧热，倒入适量油，放入鸡肉炒散，炒至变色，加入姜、葱、蒜同炒，炒出香味。

3.青、红椒去籽去蒂，切成小块，与腰果一起放入锅中，炒熟，用淀粉加水勾芡，炒匀即可。

 经验分享

这款菜能够帮助准妈妈补锌、补铁，同时还提供丰富的蛋白质、脂肪和各种维生素。但是腰果的饱和脂肪酸含量比较高，不能吃太多。

鸭血豆腐汤

原料 鸭血50克，豆腐100克，香菜适量

调料 老汤、醋、盐、淀粉、胡椒粉各适量

做法

1.将鸭血、豆腐分别切丝，放入开水中汆烫一下，除腥味。

2.将鸭血、豆腐放入锅中，加入老汤，小火炖煮入味，加入醋、盐、胡椒粉调味。

3.将淀粉加适量水勾芡，撒入香菜即可。

 经验分享

鸭血含铁丰富，豆腐含钙丰富，所以能在补铁的同时补钙，非常适合孕早期的准妈妈食用。

麻酱拌茄泥

原料 茄子2个，蒜2瓣

调料 芝麻酱、盐、味精各适量

做法

1.将茄子洗净，切成条，放入开水锅中隔水蒸熟。

2.将芝麻酱放入碗中，加入盐、味精，再倒入适量凉白开，搅拌均匀，蒜剁成末。

3.将蒸熟的茄子装入碗中，把调好的芝麻酱浇在茄子上，撒上蒜末即可。

经验分享

麻酱的含铁量是猪肝的2倍，茄子也含有一定量的铁，加些蒜，补铁又开胃。

木耳枣豆羹

原料 干黑木耳20克，黄豆40克，干红枣20克

调料 盐少许

做法

1.将黑木耳、黄豆、红枣分别洗净，加适量水泡透，将黑木耳撕成小朵，红枣切开，去掉核备用。

2.锅中加适量清水，将黑木耳、黄豆、红枣一起放入锅中，大火烧开后，转小火煮至所有材料熟烂。

3.加入盐调味，稍煮一会儿即可。

 经验分享

黑木耳和红枣可以帮助准妈妈有效预防缺铁性贫血。另外，含钙量也非同一般，是钙、铁双补的佳肴。

南瓜牛腩饭

原料 蒸米饭100克，牛肉100克，南瓜50克，胡萝卜50克

调料 白糖15克，高汤适量

做法

1.将胡萝卜洗净切块；南瓜洗净去皮，切块备用。

2.牛肉洗净切块，放入开水中汆烫一下，去掉血水，捞出。

3.将牛肉放入锅中，加入高汤，煮至牛肉八分熟时，下入胡萝卜块和南瓜块，继续煮至南瓜和胡萝卜酥烂，加入白糖调味，浇在米饭上即可。

 经验分享

南瓜煮成稀烂糊状为好，稀烂的南瓜包在牛肉块的外部，口感会更好。不喜欢甜味的可以把白糖换成盐。

菠菜炒猪肝

原料 菠菜200克，猪肝150克，小葱1根，泡辣椒8个，生姜1小块

调料 酱油、白糖、料酒、淀粉、盐、味精、植物油各适量

做法

1.将猪肝用清水泡30分钟，洗净，切薄片，放入酱油、少量盐、白糖、料酒、淀粉拌匀。

2.菠菜切长段，放入开水锅中稍汆烫，捞出过凉水，沥干；生姜、泡辣椒切末；葱切段。

3.锅中放油烧至6成热，下泡椒、姜末、葱段爆香，转大火，下猪肝片翻炒。

4.下菠菜炒至猪肝熟，放味精炒匀即可。

 经验分享

猪肝、菠菜的铁含量都很丰富，常吃可以补血。但是菠菜中的植酸容易影响一些矿物质的吸收，包括钙、铁等，所以最好用开水汆烫。

开胃点心

果酱甜包

原料 面粉500克，酵母粉10克，泡打粉10克，核桃仁100克，芝麻100克，花生仁50克，西红柿酱100克

调料 白糖80克，苹果酱20克

做法

1.将锅加热，把核桃仁、芝麻、花生仁分别放入炒熟，并将花生仁红衣剥去，与核桃仁一起碾碎，加入白糖、果酱搅拌均匀。

2.将面粉、酵母粉和苏打粉混合，加适量水和成面团，揉匀，静置1小时，再次揉匀，分成50克左右一个的剂子，擀成包子皮，放入果酱馅，捏合边缘。

3.将果酱包上屉蒸20分钟即可。

 经验分享

营养丰富，可以有效改善准妈妈孕早期的不适状态。

坚果能量棒

原料 麦片250克，坚果250克，黄油80克，麦芽糖100克

调料 白砂糖25克

做法

1.将黄油、麦芽糖、白砂糖一起放入锅中，开火加热至材料熔解冒出大泡。

2.将麦片与坚果放入锅中，稍微翻炒，使之与糖浆混合均匀，盛出放入烤盘，用擀面杖压紧实均匀。

3.烤箱调至180℃，放入烤盘，烤20分钟后，取出放凉切块即可。

 经验分享

可以选择你喜欢的任意坚果，最好是大杂烩，可以切碎，也可以整粒食用。

酸奶水果

原料 芹菜50克，菠萝100克，葡萄50克

调料 酸奶、蜂蜜各适量

做法

1.将葡萄放入榨汁机榨汁。

2.芹菜撕去粗丝，切小块，投入沸水中汆烫，菠萝去皮切小丁，一起放入碗中。

3.将葡萄汁、酸奶和蜂蜜调匀，吃时淋在蔬果上即可。

经验分享

酸奶不但保留了牛奶的所有优点，而且某些方面经加工后还扬长避短，成为更加适合于人类的营养保健品。

营养加餐

油炸泡菜饭团

原料 米饭150克，泡菜60克，奶酪60克，面粉50克，葱1根，鸡蛋1个

调料 盐5克，胡椒粉5克，香油、植物油各适量

做法

1.将泡菜切成丁，沥干水分，葱、奶酪切丁，鸡蛋打散备用。

2.将米饭、泡菜、葱、奶酪、1/3面粉、1/3鸡蛋混合，加盐、胡椒粉和香油拌匀。

3.把拌好的饭均匀分成长方形的几份。

4.将剩余的面粉粘在饭团上，涂上蛋液，放入热油锅中炸熟即可。

经验分享

这个饭团凉了也一样好吃，准妈妈可以把它整齐地摆放在饭盒里，带到办公室。

苹果黄瓜汁

原料 苹果1个，黄瓜1条

调料 蜂蜜1小匙

做法

1.将苹果洗净，去皮，切小块；黄瓜洗净，去蒂、去皮，切成小块。

2.将苹果和黄瓜一起放入榨汁机中榨成汁，放蜂蜜充分混合即可。

经验分享

苹果能降低胆固醇，防止脂肪堆积，准妈妈常吃苹果，还可以帮助预防高血压。

奶香麦片粥

原料 速食麦片3大匙，鲜牛奶250毫升

调料 白糖2大匙

做法

1.在速食麦片中，放入适量滚开水，搅拌成粥。

2.用大水杯装适量热水，将牛奶放入温热后，倒入麦片粥中，加入白糖，搅拌均匀即可。

经验分享

准妈妈最好能存一些加工方法简单、又有营养的食物在办公室里，这样在饿的时候，可以方便地加餐。

常见饮食与营养问答

Q1：营养补充是多多益善吗

人体需要营养的支撑，但也是有度的，并不是多多益善，所谓过犹不及，过量同样会带来危害，所以准妈妈在补充营养的时候，要注意把握好度。

准妈妈在此时的蛋白质需要量为每天70克左右，随着孕期推进，需要量会慢慢增加，到孕晚期会达到100克左右。蛋白质若过量，有可能让宝宝出生后，患上过敏性疾病，如哮喘、湿疹等。脂肪和碳水化合物长期摄入过多，不但准妈妈会肥胖，胎宝宝也会发育过大，可能引起难产。多种维生素和矿物质长期过量摄入则可能引起中毒。

补充这些营养素的最好方法就是饮食，一般饮食结构合理，食材选择多样化，就可以满足准妈妈的日常需求。饮食合理也不易出现营养素过量的情形。如果需要用营养制剂补充，一定要咨询医生，并在医生的指导下补充。

Q2：职场准妈妈怎样让工作餐更营养

准妈妈可以每天带一些营养食物作为工作餐的补充，如牛奶、酸奶、水果、面包等，也可以自制一些方便携带的营养面点，如上面菜谱里提到的果酱甜包和能量棒，从而在一定程度上补充午餐中缺乏的营养。

饭前30分钟，可以吃水果，以补充午餐中所缺乏的维生素；就餐时，要少吃油炸食物，也不要吃太咸的食物，以免造成体内水钠潴留，引起水肿或高血压，其他调味太重的食物，也最好避免；饭后30分钟，可以喝一杯酸奶，帮助消化，同时增加营养。

Q3：素食的准妈妈如何保证营养需求

素食准妈妈在食物选择上少了很多机会，而胎宝宝却非常需要全面的营养，因此素食准妈妈需要格外关注营养搭配，以保证营养获取充足。

简单来说，素食的准妈妈每天最少要吃250克～500克谷类和薯类食物，250克左右豆类食物，250克～400克绿色或黄色蔬菜，30克～90克坚果，适量的水果，另外，注意矿物质和维生素的摄入，每周吃3次补充矿物质和维生素的强化食品，如海洋食品、豆奶、人造动物蛋白等，这样就可以满足准妈妈和宝宝的需求了。所以素食准妈妈也不需要太过担心，只是要注意在素食的范围内，尽量丰富食物的种类。

Q4: 怎样吃才能让宝宝皮肤好

如果父母的皮肤不好，准妈妈担心宝宝会遗传，可以通过改善自己的饮食来健美宝宝的皮肤，使之白白嫩嫩。

预防肤色偏黑，可以多吃水果。大部分水果都富含维生素C，维生素C可以干扰黑色素的形成，从而减少黑色素的沉淀，宝宝的皮肤就不会太黑了。除了各种水果，还有一些蔬菜维生素C含量也是比较高的，如洋葱、大蒜、冬瓜、菜花等，可以适当多吃。

预防皮肤粗糙，可以多吃富含维生素A的食物，如动物肝脏、蛋黄、牛奶、胡萝卜、西红柿，还有一些绿色蔬菜和水果、干果等。这些食物中的维生素A可以帮助保护宝宝皮肤上皮细胞，使他的皮肤细腻有光泽。

孕期准妈妈适当多吃水果蔬菜，可以让宝宝的皮肤更好

Q5: 孕期喝牛奶好还是喝酸奶好

酸奶由牛奶发酵而成，除了保留了牛奶的所有营养价值外，还生成了对人体特别有益的乳酸菌，所以也是对准妈妈十分有益的食品，不应拒绝。只是，牛奶和酸奶的食用时间应该有所分别，这样才能起到更好的效果。

牛奶最好在晚上临睡前喝，因为人体在晚间入睡后，血钙含量进入低谷，这时候对钙的吸收会非常有效，这样牛奶中的钙就能被最大限度地吸收。

喝酸奶的最佳时机是饭后半小时，在补充营养的同时，可以起到促进消化、保护肠道健康，并增强免疫力的作用。

Q6: 准妈妈轻微营养不足会影响胎宝宝吗

宝宝需要从准妈妈的身体里吸取他所需要的一切营养素，因此准妈妈摄取营养素是否充足直接影响到宝宝的发育，不过如果准妈妈只是轻微的营养不足，则影响不大，无须担心。宝宝在胎里的时候，会尽他所能从准妈妈身上吸取营养，即使准妈妈没有摄入足够供给的营养，也会动用身体储备的营养供给宝宝，例如准妈妈摄入的钙不足，就会动用自身骨骼中的钙来满足宝宝的需要。但是准妈妈如果出现不适，情况就比较严重了，需要马上补充相应的营养素。所以准妈妈如果检查出有轻微的营养不足，不用太过担心，但应及早补充营养。

Q7：怎样避开生活中容易致畸的食物

怀孕前 3 个月是宝宝中枢神经系统发育的关键时期，也是致畸敏感期，日常生活里要注意尽量消除致畸物。

自来水管中，可能含有一定量的铅，铅是一种致畸物。每次用水时，最好能把水管打开，将老旧水放掉，随后流出的水才可以用。自来水管的热水，不要直接饮用，也不要用来煮饭。食用水最好是自来水煮沸的。另外，平时用的餐具，也要尽量避免含铅的玻璃制品和含铅、釉的瓷器。

有些鱼类容易受汞的污染，如剑鱼、金枪鱼、鲈鱼、鳟鱼、梭子鱼等，每周食用不要超过 1 次，以免汞过量，伤害宝宝神经。蔬菜、水果表面，还有猪肉、牛肉和羊肉中，容易寄生弓形虫，弓形虫也是一种会致畸的寄生虫，且特别容易感染胎儿。所以水果、蔬菜吃前要仔细清洗；肉类一定要加工熟透再吃；切生肉和内脏的菜板要和其他的菜板分开；准妈妈接触过这些后要仔细洗手。

Q8：准妈妈饮水需要注意什么

准妈妈喝水的时机也有讲究，不要等到口渴才喝，可以把水杯放在手边，随时喝，做到手不离杯。尤其早起后，马上喝一杯温开水，对身体很有益，能很快被肠道吸收，加快血液循环。另一点要注意喝水卫生，生水细菌多，久放的开水和多次烧沸的开水重金属含量高，都不宜喝。

如果不喜欢喝白开水，可以喝一些淡茶水，最好是淡绿茶，可改善心肾功能，促进血液循环，有利于胎儿发育。另外也可以少量喝一些鲜榨果汁，而碳酸饮料、人工果汁、浓茶就尽量不要喝了。

Q9：孕期饮食卫生怎样保证

饮食卫生要从原材料的选择、处理和厨具、炊具的清洁上来保证。首先，食材要尽量选用天然品，避免含有食品添加剂、色素和防腐剂的人工产品。生鲜食材要清洁干净，蔬菜水果尽量充分浸泡、流动水冲洗，能削皮的削皮，肉类、海鲜类要彻底煮熟蒸透。有异味的食品，坚决不能吃。

刀具最好按照用途分类，切生食与熟食的刀具和案板分开，切水果与切蔬菜、肉类的刀具分开。用过后的刀具和案板要及时清洗、干燥。准妈妈在接触了生肉、蔬菜后，还要注意清洁自己的双手。锅用铁制或不锈钢制，最好不要用铝制品。

最后，减少外出就餐次数，尽量选择卫生条件好的餐厅，以免交叉感染。

RART3　孕2月，
妊娠反应期如何保证营养

胎儿的生长发育与母体变化

准妈妈身体变化

进入孕2月，月经还没有来，有些准妈妈可能还不会太在意，但正在积极备孕的准妈妈就会马上意识到了。这时的基础体温会持续升高，怀孕的症状也会渐渐显现，准妈妈时常会感到疲劳，爱犯困，嗅觉灵敏，情绪波动大，而且有尿频、白带增多、白带颜色变深、晨起出现恶心呕吐的症状，嘴里有难闻的味道等。另外，在雌激素和孕激素的共同作用下，准妈妈胸部会感到胀痛，乳房增大变软，乳晕有小结节突出。不过，准妈妈的腹部仍然看不出明显的变化，只是有时准妈妈会感到这里有瞬间的剧痛，这是子宫在成长。

胎儿5周

着床后的胚泡，迅速向四周扩展，到第5周，已经形成3个胚层。这3个胚层就是宝宝的发展根基，外胚层将分化成神经系统、眼睛的晶体、内耳的膜、皮肤表层、毛发和指甲等；中胚层会分化成肌肉、骨骼、结缔组织、循环系统、泌尿系统；内胚层则分化成消化系统、呼吸系统的上皮组织及有关的腺体、膀胱、尿道及前庭等。此时，小胚胎大约长6毫米，有苹果籽那么大，外观很像个"小海马"，神经系统和循环系统也在这个时期最先开始分化。

胎儿6周

进入第6周，胚胎的发育出现了质的变化，初级的肾脏和心脏等主要器官都已形成，所以现在的宝宝已经在准妈妈的身体里开始有了自己规律的心跳，而且神经管在此时开始连接大脑，而后是脊髓。此时的胚胎外观像一颗小松子仁。

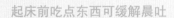

起床前吃点东西可缓解晨吐

准妈妈如果现在晨吐已经较严重，睡前可以在床头柜上放一些吃的东西，如1杯水、2块馒头片、一些水果等，起床前吃下去，可以有效地抑制恶心，缓解晨吐。因为早孕的不适症状和特殊的心理状态，会使准妈妈的情绪波动较大，准爸爸要体谅准妈妈，并努力消除准妈妈的紧张情绪。

💙 胎儿7周

　　胎儿在此时的成长仍然很快，到第7周末时，胚胎像一粒豆子大小了。此时的胚胎有一个特别大的头，眼睛位置有两个黑黑的小点，鼻孔开始形成，耳朵的部位明显隆起，手臂和腿开始萌出嫩芽，手指也是从现在开始发育的。另外，心脏在此时会分化出左心房和右心室，心跳每分钟达到150次。脑垂体也开始发育。

恶心也要尽量吃东西

　　现在的准妈妈，可能会因为孕吐，恶心厌食，但是宝宝此时正处在高速发育时期，非常需要营养，因此即使恶心厌食，也要尽量多吃东西。如果正餐吃不下，可以时不时地吃一些有营养的小点心、水果、牛奶等作为补充。另外，不要因为害怕体形改变而节食。

💙 胎儿8周

　　进入第8周，胚胎已经初具人形，但是还带着一个小尾巴，这个小尾巴需要再过几周，才能消失。现在，胚胎的大脑和心脏已经发育得非常高级，非常复杂，心脏的上方有少量的弯曲，另外，眼睑出现了褶痕，鼻子开始倾斜，耳朵也正在成形，牙和腭也开始发育，胳膊在肘部变得弯曲，手指和脚趾间有蹼状物。此时的胚胎皮肤像纸一样薄，血管清晰可见。胎儿在此时已经开始运动，像一个豆子在跳动。

　　第8周时，胚胎大约有20毫米长，像一颗葡萄。

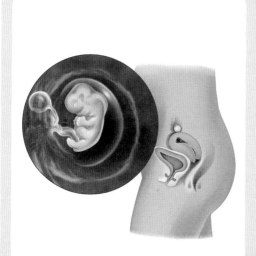

8周大的胎宝宝

远离致畸因素，保持心情愉悦

　　在胎儿4~5周时，神经、心脏、血管系统最敏感，最容易受到损伤，许多致畸因素非常活跃，多数的先天畸形都发生在胚胎期，因此准妈妈在此时要格外注意，不要接触X光和其他射线，不要做剧烈运动，并避免感冒、受凉，避免吃药，多吃营养健康食物。

　　在胎儿6~10周时，是腭部发育的关键时期，如果情绪过分不安，有可能影响胚胎的发育，导致腭裂或唇裂，因此此时的准妈妈要尽量控制自己的情绪，保持心情愉快。可以多听听轻音乐，缓解情绪。

营养需求变化

蛋白质、脂肪、碳水化合物

在进入孕2月的时候，准妈妈和胎宝宝对蛋白质、脂肪、碳水化合物这3种基础营养素的需求会随着孕龄的增加而增加。

蛋白质：蛋白质的量可以增加到每天75克左右。另外，准妈妈摄入的蛋白质要尽量优质，如果选择动物性食物，可以在上个月饮食基础上添加150毫升牛奶，或1个鸡蛋，或25克瘦肉；如果选择植物性食物，可以每天增加30克干黄豆或150克豆腐或50克豆腐干，或主食150克。可以根据自己的食欲灵活调整，食欲不好时，不必勉强；食欲好的时候，多吃一点儿作为食欲不好时的补充。

脂肪：脂肪有些油腻，怀孕反应较强烈的准妈妈可能会厌食，如果是这样，也不要勉强自己，更不要担心，因为人体可以动用自己储备的脂肪，所以即使你没有足够的摄入，胎儿也不会受影响。而且准妈妈摄入的豆类食品、蛋类食品、奶类食品、主食等也是可以补充少量脂肪的。另外，准妈妈可以通过增加淀粉类食物的量来增加体内脂肪储备。还有可以在菜肴中滴几滴香油，香油有开胃作用，而且是脂肪类食物中营养价值相当高的食物。

碳水化合物：碳水化合物是为人体提供能量的最主要的物质，人体50%～60%的能量都由碳水化合物提供，因此准妈妈要多摄入一些碳水化合物，以对抗孕期的疲劳和倦怠感觉。平时可以在办公室里放一些饼干、馒头干、面包等食物，在感觉不适时吃一点。碳水化合物摄入不足，有可能会导致低血糖，从而引起头晕，如果发生了这种情况，准妈妈可以慢慢蹲下，或平躺，使头部低于心脏，再吃一些糖或喝一些糖水、果汁，休息一下，就可以缓解，严重时要就医。

♥ 维生素

各种维生素是人体必需的营养素，胎宝宝的发育更离不开，因此整个孕期都要注意多吃水果、蔬菜、谷物来平衡补充。此期最需引起注意的是维生素C、维生素B$_6$和叶酸。

维生素C：维生素C能提高将来宝宝脑功能的敏锐度，这是准妈妈应该合理摄入的理由，有些准妈妈在本月会出现牙龈出血的情况，也需要适当补充维生素C来改善，可以多吃水果、蔬菜等。但是维生素C的利用率较低，且遇热、碱、氧气都会发生变化，因此做菜时不要长时间炖煮，含维生素C的食物还要适当多吃一些。维生素C摄入合理对准妈妈有效吸收利用钙、铁、磷等微量元素也非常有利，这些都有益于胎宝宝神经系统的发育。

维生素B$_6$：维生素B$_6$有抑制孕吐的作用，所以准妈妈孕吐厉害时，可以多吃一些含有维生素B$_6$的食物来缓解，同时还能起到控制孕期水肿的作用。如果缺乏，会导致准妈妈情绪不稳，从而影响胚胎的发育。维生素B$_6$对胎儿本身的作用也非常重要，是能量产生、脂肪代谢、蛋白质代谢、血色素生成所必需的维生素。维生素B$_6$在麦芽糖中的含量最丰富，每天吃1～2勺麦芽糖，就可以有效缓解孕吐。但是，如果要服用维生素B$_6$制剂，一定要咨询医生，不要擅自进行。

维生素A：维生素A也是必不可少的营养素，胎儿视力、生长、上皮组织及骨骼发育都有需要，如果摄入不足容易致畸，不过不需要额外补充，一般饮食就可以满足需要。如果补充过量同样容易导致胎儿畸形，所以对于维生素A含量过高的动物肝脏，孕期不要吃太多，每周不要超过1次。多进食含胡萝卜素丰富的食品是安全补充维生素A的好办法，因为胡萝卜素在人体内能转化为维生素A，总量会降低很多，既有补充，又不会过量，所以比较安全，瓜果蔬菜尤其是有色蔬菜、南瓜、红薯、胡萝卜、柑橘、杏子、柿子等，含胡萝卜素丰富，可放心食用。

新鲜蔬菜是维生素的最好来源之一

矿物质

在这个月里，早孕反应特别严重的准妈妈，要注意补充矿物质，同时还要多喝水，因为剧烈的呕吐会引起人体水盐代谢失衡。

钙和铁：这一时期，钙和铁仍然要持续补充，不过补充量不需有什么大的调整，钙每天为800毫克，铁每天为20毫克，只要饮食结构合理，日常饮食基本上可以满足需求，所以不需要另外做制剂补充，如果想要通过制剂补充，一定要向医生咨询。

碘：除了钙和铁，怀孕1～3个月还要多关注碘的摄入，缺碘会使准妈妈甲状腺素生成不足，因而无法满足胎儿的需要，容易导致胎儿全身脏器及骨骼系统的发育停滞，而对中枢神经系统和内分泌系统的影响尤为严重，最严重时，会造成死胎、流产，以及先天性畸形等，如呆小症、克汀病等。

由此可见，准妈妈在孕早期一定要注意补充碘。如果在孕5个月才开始补充，有可能已经无法弥补已经形成的缺陷。我们日常用的碘盐，是最经济、安全、方便的补碘手段，可以帮助补充部分碘，在用盐时，最好等菜熟后，出锅前放盐，这样可以避免碘的挥发。

另外，海产品里的碘含量较高，准妈妈可以每周吃2次海产品，尤其是海鱼，这样就可以保证胎儿对碘的需求了。在缺碘严重的地区还可以通过摄入碘制剂来补充碘，但是一定要咨询医生遵医嘱，因为碘过量也会导致胎宝宝发育异常，或患上甲状腺疾病。国际上推荐孕妇每天碘摄入的适宜量为150微克～300微克。

建议孕早期适当吃些海产品，关注碘的摄入

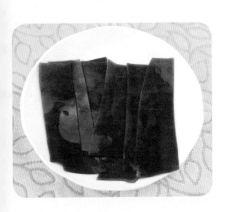

准妈妈一日饮食方案

在孕2月，饮食的安排基本上同于孕1月，热量也不需要增加，优质蛋白质可以适当增加摄入量，如果孕吐非常严重，可以少吃多餐。职场准妈妈可以在办公室里存一些干果、坚果等小零食，恶心时吃一些，可以起到抑制作用，同时也能补充营养。

早餐：包子1个+二米粥1碗+煮鸡蛋1个

二米粥做法：大米50克，小米50克，分别淘净，放入锅中，加适量水，大火煮开，转小火煮成粥即可，可以适量加些白糖调味。

7:00~7:30 早餐

午餐：海带焖饭+奶汁烩生菜+山药红枣排骨汤

海带焖饭做法：将水发海带25克洗净，切成块，加入250克水，大火煮开5分钟，将80克大米洗净，倒入，加盐，慢慢翻搅，烧开后煮10分钟，米粒涨发，水快干时加盖，转小火焖10~15分钟，米熟即可。

12:00~12:30 午餐

晚餐：青菜肉丝面+酸辣黄瓜

青菜肉丝面做法：锅中放适量油，烧热，加入葱花、蒜蓉煸炒出香味，倒适量水烧开，下入70克挂面、50克猪瘦肉，煮至将熟时，放入洗干净的小油菜100克，稍煮，加入盐、味精调味即可。

18:30~19:00 晚餐

9:30~10:00 加餐
牛奶300毫升+橘子1个

15:00~15:30 加餐
烤馒头片50克+苹果1个

优质蛋白餐

木耳炒肉丝

原料 黑木耳20克，猪瘦肉100克，红椒、青椒各1个，蒜1瓣，姜1片

调料 醋1大匙，盐、鸡精、辣椒油各少许，植物油适量

做法

1.黑木耳用温水浸泡软，洗净，撕成小块；猪瘦肉洗净，切丝；红椒、青椒去蒂，去籽，洗净，切圈；蒜切末；姜切丝。

2.炒锅放适量植物油，烧热，下姜丝爆香，下猪瘦肉丝爆炒至变色。

3.放入红椒圈、青椒圈、木耳翻炒片刻，加入调料大火快炒至熟即可。

经验分享

炒肉时，最好能先用水淀粉上浆，这样口感更滑嫩。

虾酱鸡扒

原料 鸡腿500克

调料 虾酱、植物油各适量

做法

1.将鸡腿洗净，鸡腿肉切下，切成条，加入虾酱腌制20分钟。

2.锅中放适量油，烧到8成热时，放入鸡腿肉，小火煎双面至熟即可。

经验分享

不好确定鸡腿肉有没有熟，可以用筷子戳一下，如果筷子戳得进去就说明熟了。虾酱和鸡肉的营养都非常丰富。

土豆饼

原料 土豆300克，面粉200克，香葱末适量

调料 盐适量，孜然、咖喱粉各1小匙，植物油适量

做法

1.将土豆去皮，擦丝，放入水里浸泡。

2.捞出土豆丝，放入盐、孜然、咖喱粉、香葱末、面粉，倒适量水拌匀成稠面糊。

3.平底锅中抹油，烧热，舀入一勺面糊，摊平成饼，煎至双面金黄、熟透即可。

经验分享

想要土豆丝脆一点儿就可以多过几遍水。土豆是蛋白质含量较丰富的食品，而且质量也颇高，另外还有非常丰富的淀粉，可以为准妈妈提供能量。

蔬菜砂锅煲

原料 香肠50克，木耳50克，金针菇50克，粉丝10克，香菇3朵，豆腐50克，口蘑80克，油菜50克，姜、葱、香菜各适量

调料 盐、鸡精、胡椒粉各适量

做法

1.木耳用温水泡发，洗净，撕成小朵；香菇、口蘑都洗净撕小朵；金针菇洗净去根；葱切段、姜切片；香肠、豆腐切块。

2.砂锅中放入适量清水，放入葱段和姜片，小火烧开，将香肠、豆腐、金针菇、香菇、口蘑、木耳放入砂锅，煮15分钟。

3.加入粉丝煮5分钟，放入盐、鸡精、胡椒粉调味，最后放入油菜烫熟即可。

经验分享

这样的做法简单，且能较好地保留各种材料中的营养，味道也很不错。

豉香鱿鱼

原料 鱿鱼1条约600克

调料 豆豉辣酱1汤匙，青椒半个，红椒半个，葱半棵，姜1块，蒜2瓣

做法

1.鱿鱼清洗干净并撕去外面的黑膜，在鱿鱼的内层切花刀后再切成3厘米×5厘米的块，鱿鱼头切成段。青、红椒去籽、去蒂后切菱形块。葱、姜、蒜分别切碎。

2.鱿鱼焯烫后待其变白并且卷起，捞出控净水。

3.锅中倒油烧热，放入葱、姜、蒜末和豆豉辣酱，小火炒香。

4.放入青、红椒块，转大火翻炒1分钟。

5.再放入处理好的鱿鱼。继续大火翻炒1分钟即可。

经验分享

给鱿鱼切花刀时一定在内侧切。给鱿鱼焯水的时间不宜过长，只要看到鱿鱼块颜色变白并且卷起，就要捞出控水。

钙铁双补餐

牛奶香蕉芝麻糊

原料 香蕉2根，牛奶1杯，黑芝麻30克，玉米面10克

调料 白糖少许

做法

1.将香蕉去皮后，用勺子研碎。

2.将牛奶倒入锅中，加入玉米面和白糖，边煮边搅均匀，煮至玉米面熟。

3.煮好后倒入香蕉中调匀，撒上黑芝麻即可。

经验分享

黑芝麻营养非常丰富，可以在煮粥、拌凉菜时撒一点儿，但是不能在有鸡肉的菜里添加。鸡肉与黑芝麻相克，会产生毒性。

虾仁炒豆腐

原料 虾仁100克，豆腐150克，葱花、姜末各1克

调料 盐、料酒、味精、酱油、淀粉各适量

做法

1.将虾仁洗净，放入一半料酒、葱花、姜末、酱油及淀粉，搅拌均匀，腌制10分钟；豆腐切小块备用。

2.在锅中放适量油，烧热，倒入虾仁，大火快炒几下，将豆腐和剩余调料依次加入，翻炒至虾仁熟即可。

经验分享

这款菜铁质和钙质含量都很丰富，另外还含有丰富的维生素A、维生素B_1和维生素B_2等营养物质，是准妈妈补充营养的好选择。

青柠煎鳕鱼

原料 鳕鱼150克，柠檬1个，鸡蛋清1个量

调料 盐、淀粉、植物油各适量

做法

1.鳕鱼洗净切块，加盐、挤入柠檬汁腌制20分钟，加入淀粉和鸡蛋清，搅拌均匀。

2.在锅中放入适量油，放入鳕鱼块煎至双面金黄即可。

经验分享

鳕鱼是深海鱼，钙、铁含量都很丰富，另外含有丰富的碘，也是可以多种营养同时进补的食材。

黑木耳肉羹

原料 干黑木耳30克，猪瘦肉100克，姜片适量

调料 酱油、盐、胡椒粉、淀粉、麻油、香油各适量

做法

1.将黑木耳用温水泡发，洗净，撕成小朵。猪瘦肉切块，加入酱油、几滴麻油拌匀，腌制。

2.在锅中加适量水，放入黑木耳及姜片煮30分钟，将猪瘦肉裹上淀粉放入，煮至熟，加入盐、胡椒粉，淋几滴香油即可。

经验分享

黑木耳的营养价值很高，与猪肉搭配，可以为准妈妈提供丰富的钙、铁，有补血功效，另外含丰富的蛋白质、磷、镁等。如果用淘米水泡发黑木耳，更容易清洗，口感也更好。

蛎羹汤

原料 豆腐100克，鲜牡蛎肉100克，土豆1个，胡萝卜1根，葱末、姜丝各适量

调料 盐适量，淀粉1大匙，植物油适量

做法

1.将豆腐浸泡后切块；鲜牡蛎肉洗净切条；土豆去皮洗净切块；胡萝卜洗净切丁。

2.锅中加适量油，烧热，放入胡萝卜、土豆、葱翻炒至半熟盛出。

3.锅中加适量水，加入豆腐块煮开，倒入炒好的胡萝卜和土豆，中火煮15分钟，加入牡蛎肉，将熟时，淀粉加适量水调匀，倒入汤中，加入姜丝、盐，再次煮开即可。

经验分享

牡蛎是一种营养价值非常高的海产品，准妈妈补钙、补血都可以吃，如果搭配豆腐可以提高钙的吸收率。

芹菜炒羊肉

原料 羊肉、芹菜各250克，姜丝适量

调料 料酒、鸡精、淀粉、醋、豆瓣酱、酱油、盐、高汤、植物油、香油各适量

做法

1.将羊肉洗净切丝，放入开水中汆烫，去血水，加适量盐、料酒、酱油、淀粉搅拌均匀；芹菜洗净切段备用。

2.在锅中倒入适量油，烧热，放入豆瓣酱炒出香味，放入羊肉丝、芹菜段、姜丝翻炒片刻。

3.将适量酱油、醋、料酒、鸡精、盐、淀粉、高汤调成汁，倒入羊肉中，拌炒均匀，淋几滴香油即可。

经验分享

此道菜钙、铁、锌的含量都很丰富。羊肉有些膻味，料酒和姜丝可以去膻味，所以准妈妈不用担心反胃、呕吐，可以大胆尝试一下。

海带炖豆腐

原料 水发海带400克，白豆腐100克，姜片、葱丝适量

调料 盐、植物油各适量

做法

1.海带洗净切块打结；豆腐切成3厘米见方的块。

2.锅内加油烧至五成热，放入姜片、葱丝爆香。放入豆腐煎至微黄，再放入海带，翻炒大约1分钟，加水稍漫过主料，加盐，继续大火烧约8分钟，剩少许汤即可。

经验分享

这道菜加水后，可适当多炖些时间，时间越长，豆腐越筋道，海带越绵软。海带搭配豆腐是很好的补钙佳品。

紫菜蛋花汤

原料 紫菜10克，鸡蛋1个，虾皮、香菜、葱花、姜末各适量

调料 盐、植物油各适量

做法

1.将紫菜用清水浸泡至软，洗净，撕小块；虾皮洗净；香菜洗净切小段备用。

2.在锅中放油烧热，下入姜末炒出香味，放入虾皮略炒，加入适量水烧开。

3.将鸡蛋打散，淋入锅中，放入紫菜、香菜、盐、葱花煮开即可。

经验分享

紫菜、虾皮含碘丰富，如此搭配可以加强碘的摄入。

金针鲜蛤煲

原料 蛤蜊250克，金针菇50克，香菇2朵，鸡腿1只，柠檬半个

调料 米酒、盐、酱油、高汤各适量

做法

1.将香菇泡软去蒂，金针菇去根洗净，鸡腿切成小块，一起放开水中汆烫，捞出。

2.将蛤蜊放入锅中，加适量清水，加入高汤、酱油、米酒，煮开，撇去浮沫，放入汆烫过的材料，煮熟。

3.加盐，将柠檬挤出汁放入汤中调味。

经验分享

味道鲜美，蛤蜊、金针菇都含有丰富的碘。

补维生素餐

五彩鸡丁

原料 鸡肉丁250克，青、红椒丁各50克，炸花生米、甜玉米粒、青豆粒、葱末、姜末、蒜末、花椒、干红辣椒各适量

调料 盐、料酒、淀粉、醋、酱油、砂糖、白芝麻、花椒、植物油各适量

做法

1.鸡肉丁加盐、料酒和淀粉稍腌制。

2.将蒜、葱、姜放入碗中，放入盐、砂糖、醋、酱油、清水、淀粉，调成汁备用。

3.锅内放油烧热，放入花椒炸香，放干辣椒爆香，再放鸡丁炒至变色，加青、红椒丁、甜玉米、青豆，炒熟，倒入料汁，大火炒1分钟，加炸花生米，撒上白芝麻即可。

经验分享

此菜含有丰富的维生素，色彩缤纷，能促进食欲。

蛋丝沙拉

原料 生菜、紫甘蓝、红辣椒、芹菜各50克，火腿50克，鸡蛋2个

调料 沙拉酱、植物油各适量

做法

1.将紫甘蓝、红辣椒和芹菜洗净，切丝，入开水汆烫，沥干；生菜、火腿切丝。

2.鸡蛋打散，锅中放适量油烧热，倒入蛋液，摊成蛋皮，取出后切成条。

3.将所有材料装盘，拌入沙拉酱即可。

经验分享

含有丰富的蛋白质、维生素和膳食纤维，可作为餐后的点心。

什锦素菜

原料 冬笋、水发香菇、蘑菇、芦笋各100克，西蓝花半棵，胡萝卜1根

调料 盐、料酒、高汤、水淀粉、植物油各适量

做法

1.将冬笋、芦笋分别洗净，切段；蘑菇、香菇洗净，去蒂切条；胡萝卜去皮，洗净切条；西蓝花洗净，掰成小朵。

2.将上述菜一起下入开水中汆烫熟，捞出沥干。

3.将锅大火烧热，放油烧至5成热，放入菜，大火翻炒约1分钟，放高汤，煮开后加盐、料酒调味，用水淀粉勾芡即可。

经验分享

本菜品富含维生素和矿物质，是孕早期补充营养的不错选择。

缓解孕吐餐

蛋醋止呕汤

原料 鸡蛋2个，葱花少许

调料 米醋半杯，白糖1小匙

做法

1.将鸡蛋磕入碗中，打散，加入白糖、米醋搅匀。

2.锅中加入适量清水，大火煮沸。

3.将鸡蛋倒入锅中，煮沸后撒上葱花即可。

 经验分享

这道汤酸中微甜，具有和中止呕的功效。适用于有呕吐妊娠反应的准妈妈服用。每天1次，连服3天，准妈妈的呕吐反应会得到很好的缓解。

香菜萝卜

原料 香菜100克，白萝卜200克

调料 盐、味精、植物油各适量

做法

1.白萝卜洗净，削去皮，切成片；香菜择洗干净，切成小段备用。

2.在锅中放适量油烧热，放入白萝卜片煸炒片刻，放入盐，加适量水，小火炖至萝卜熟烂。

3.加入香菜段、味精调味即可。

 经验分享

白萝卜下气止呕，香菜温中理气，对准妈妈的孕吐有很好的辅助治疗作用。

姜丝甘蔗汁

原料 甘蔗一段，鲜姜2块

做法

1.将甘蔗去皮，捣烂挤出汁，取半杯；鲜姜洗净捣碎，挤出汁，取1大匙。

2.将甘蔗汁与鲜姜汁混合均匀，连同容器一起浸入热水中稍温后即可服用。

 经验分享

姜丝独特的辛香味有良好的止吐功效，而甘蔗糖分很容易被吸收，能补充准妈妈在孕吐中失去的养分。

开胃餐

蜂蜜水果粥

原料 苹果半个，梨半个，粳米100克，枸
杞5克

调料 蜂蜜1大匙

做法

　　1.将粳米淘净后，加适量水煮成粥；苹
果、梨分别去皮、去核，切成小块，放入枸
杞，煮开。

　　2.待粥稍冷后，加入蜂蜜调匀即可食用。

 经验分享

　　清新爽口，别有风味，很适合脾胃
不佳、食欲缺乏的准妈妈。常吃还有清
心润肺、消食、养胃润燥的作用。

糖醋腌鸡翅

原料 鸡翅中4对，姜、熟芝麻各适量

调料 白酒少许，淀粉、盐、植物油、芝麻
各适量，醋、酱油、白糖各2大匙半

做法

　　1.将白酒倒入鸡翅中稍腌，加入淀粉
拌匀，放入热油锅中炸熟，捞出控净油。

　　2.将姜切末，放入干净锅中，加盐、
醋、酱油、白糖，开火煮沸，放凉。

　　3.将鸡翅中放入放凉的汁中，腌制一会
儿即可食用，食用时撒上芝麻。

 经验分享

　　不要吃腌制太久的食物，腌制很久
的食物，其中的营养已被破坏殆尽，而
且可能产生新的有害物质。

红白豆腐酸辣汤

原料 豆腐100克，猪血100克，葱小半根，
姜1片，蒜1瓣

调料 水淀粉2大匙，醋4小匙，盐半小匙，
胡椒粉、鸡精、香油、植物油各适量

做法

　　1.将豆腐和猪血洗净，切块；葱洗净切
丝；姜洗净切丝；蒜洗净切片。

　　2.锅中放油烧热，放入葱丝爆香，倒入3
碗水，加入豆腐、猪血块煮沸。

　　3.将姜丝、蒜片、醋、盐、鸡精、胡椒
粉放入汤中稍煮，用水淀粉勾稀芡，撒上葱
丝，淋入香油即可。

 经验分享

　　很多准妈妈喜欢吃酸辣味，可以把
白菜、生菜、油菜等余烫熟，用糖醋汁
或辣椒油调味。

常见饮食与营养问答

Q1：孕吐期如何保证营养

孕吐期间，早餐可以谷类食物为主

孕吐一般从怀孕4~8周开始，8~10周时反应最大，到12周就会有所减轻，直至消失。在这段时间，准妈妈孕吐，加上食欲缺乏，会丢失较多的营养，所以需要调整每日的饮食安排，以便能最大限度地吸取营养。

首先，早餐一定要吃好。起床前吃一些富含碳水化合物和蛋白质的食物补充血糖，能减少恶心感觉。另外，起床动作不要太猛，以免加重反胃情况，这样可以避免晨吐影响食欲。即使胃口不好，也要努力多吃些，早餐可以谷类食物为主，搭配鸡蛋、少量蔬菜和水果。

其次，要增加餐次。早孕中的准妈妈一次吃不下多少，有部分还会再吐出来，因此可以少量多餐，一般要2~3小时进餐一次，一天进餐5~6次。反应严重的准妈妈，只要想吃就可以吃，要抓住一切机会进食，甚至可以选择一些高热量的食物，如巧克力。另外，恶心时可以吃干的，不恶心时喝一些汤、粥。如果进食后恶心，可以做深呼吸、散步、听音乐等转移注意力。

最后，水果入菜。如把橙子、柠檬、菠萝、梨等搭配到食物中，可以增加食欲。另外，喝一些酸梅汁、橙汁、甘蔗汁也可以缓解妊娠不适，增强食欲。

Q2：孕吐期间需要补充营养素制剂吗

多数的准妈妈在怀孕期间的孕吐都是在早孕时段，怀孕12周时就会逐渐消失，这段时间宝宝的主要任务是构建器官，而不是成长，所以对营养的需求不是很大，正常情况下，准妈妈只要调整心情，调整饮食，适当摄入一些营养，基本上是可以满足准妈妈和胎儿的需求的，所以不需要额外补充营养素制剂。

但是如果准妈妈的孕吐持续时间太长，而且情况较严重，如出现眩晕、心跳加速、呕吐频繁、不能进食、体重下降等，一定要看医生，并遵医嘱补充营养素制剂。

Q 3：所有孕期准妈妈都可以喝牛奶吗

牛奶虽好，但并不是所有的人都适合，有些有特殊情况的准妈妈还需要避开牛奶，如患有缺铁性贫血、反流性食道炎、消化道溃疡、胆囊炎、胰腺炎和乳糖不耐受症的准妈妈就不宜喝牛奶。

缺铁性贫血的准妈妈喝牛奶会影响铁的吸收利用，更加重贫血症状；患反流性食道炎的准妈妈喝牛奶会影响食道括约肌的收缩，从而加重胃液和肠液的反流；患有消化道溃疡的准妈妈喝牛奶会增加胃酸分泌，从而加重溃疡；患有胆囊炎和胰腺炎的准妈妈喝牛奶会加重胆囊和胰腺的负担，从而加重病情；患有乳糖不耐受症的准妈妈喝牛奶容易引起腹泻、腹痛等症状，更加重孕期不适感。所以喝不喝牛奶还是要根据自身情况来定的。

Q 4：准妈妈吃酸味食物需要注意什么

女性怀孕后，胎宝宝的发育会抑制准妈妈胃酸的分泌，所以准妈妈就会经常想吃酸味食物。酸味食物可以促进准妈妈消化，缓解孕期不适，对孕早期的准妈妈有一定的好处，但不能随便吃，要有选择、有节制地吃。

酸味食物，最好的选择是含有丰富维生素C的水果，如西红柿、青苹果、橘子、草莓、酸枣、话梅、葡萄、樱桃、杨梅、石榴等，其中的维生素C使水果具有了酸味，而且还能增加准妈妈的身体免疫力。另外一个好选择是酸奶，酸奶富含多种营养素，还有保护肠道、促进消化的作用。

有些酸味食物则不宜多吃，如山楂、腌制菜和醋制品。山楂吃多了会刺激子宫收缩；腌制菜不但本身营养已遭到破坏，还会产生一些有害物质；醋制品刺激性也较大，不宜多吃，每周不要超过2次。

Q 5：准妈妈吃辣味食物会影响宝宝吗

目前并没有明确证据，证明准妈妈吃辣味食品会对宝宝有什么不利影响，但是吃太多辣椒对准妈妈本身有不利影响却是很明显且肯定的。

准妈妈在怀孕期间体质会有些变化，尤其在怀孕中后期，肠道受到增大的子宫的压迫，容易便秘，如果仍然长期吃太辣的食物，无疑会加重便秘，严重时甚至会引发痔疮，所以准妈妈不能吃得太辣，也不能长期吃辣的食物。

但并不是要绝对拒绝，因为辣味有刺激食欲的作用，准妈妈在食欲不佳的时候，适当吃一点很有好处，只是要把握好量，不要太多。另外含盐分过高的辣椒食品，准妈妈要少吃，以免摄入盐分太多，引起水肿。

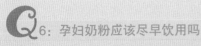

Q6：孕妇奶粉应该尽早饮用吗

孕妇奶粉是根据怀孕期准妈妈和胎儿对营养的需求而专门配制的奶粉，是以牛奶为主要原料，添加了叶酸、钙、铁、DHA等营养素，是比较适合准妈妈食用的。

不过，在怀孕早期，还不需要添加，因为此时胎儿对能量的要求并不高，准妈妈只要每天摄入适量牛奶即可满足。另外，准妈妈此时正处在早孕反应高峰期，并不见得可以喝得下奶粉，所以此时还不需要添加。适宜的添加时间是孕中期和孕晚期，即从孕4月开始就可以喝一些孕妇奶粉了。从孕4月开始，准妈妈早孕反应消失，胃口较好，而宝宝也开始快速生长，对营养的需求增加了，准妈妈的正常饮食有可能满足不了宝宝的需求了，所以此时开始补充比较好。食用奶粉时，不要过量，以免营养过剩。

Q7：哪些食物可以减轻早孕反应

早孕反应是准妈妈在怀孕期间面临的第一道难关，准妈妈可以多吃一些对早孕反应有缓解作用的食物，如面包干、馒头干、饼干、香蕉、土豆、山药、南瓜等含碳水化合物比较多的食物；还有一些有辛香味的食品，如生姜、香菜、香椿等食物，也有很好的减轻早孕反应的作用；酸味食物如青苹果、橘子、葡萄可以促进胃蠕动，也可以减轻早孕反应；有助于行气的食物也可以止吐，如白萝卜；可以迅速补充血糖的食物，如蜂蜜。有些准妈妈反应严重，可以服用维生素B_6来缓解，但是一定要咨询医生，以免过量。

除了吃可以减轻早孕反应的食物，还要尽量避免那些容易引起恶心、呕吐的食物，如过于油腻的食物。另外每个准妈妈都有一些自己厌恶的独特的食品，对自己厌恶的食物，不要勉强食用，自己不喜欢的食物说明你不需要它，如果担心营养不够，可以选择与它有相同作用的其他食物。

Q8：可以用中药缓解孕吐和进补吗

砂仁是有效的缓解孕吐的中药，功效显著，且很安全，此外，生姜、藿香也是中医上承认可以用来缓解孕吐的良药，准妈妈可以在食物中适当添加。

用中药进补一般情况下并不需要，因为日常的饮食只要合理安排，就可以满足需求，除非准妈妈身体特别弱。准妈妈用中药进补时，应秉持着"宜凉忌温热"的原则，因为大多数孕期的准妈妈都是"阳有余而阴不足，气有余而血不足"，最好选用清补、平补之品，如生白术、淮山、百合、莲子等，而鹿茸、胡桃肉、桂圆、人参等要慎用，以免上火。火动阴血，容易伤害宝宝。

RART4 孕3月，
合理搭配能促进营养吸收

胎儿的生长发育与母体变化

💗 准妈妈身体变化

准妈妈在本月体形变化仍然不大，体重也没有明显增加，小腹也还不会明显隆起，在11周时，可以在耻骨上缘摸到子宫。到12周时，有的准妈妈脸上和脖子上会出现不同程度的黄褐斑。小腹上，从肚脐到耻骨还会出现一条垂直的黑褐色妊娠纹。乳头和乳晕的颜色更加深，乳房更加膨胀，需要换大号的内衣。在本月前半段，准妈妈的情绪变化还比较剧烈，需要及时调整，不过到后期，早孕反应会逐渐减轻直至消失，准妈妈就会感到轻松很多，并且精力充沛。在本月后期，准妈妈经常会感到饥饿，需要大吃大喝，这是宝宝需要营养的信号，准妈妈不必介意。

还有一点，准妈妈感觉不到，就是身体内的血液量增加了很多，这主要是为胎儿的成长准备的。

💗 胎儿9周

胚胎的小尾巴消失了，是一个真正的胎儿了。胎儿目前主要任务是开始发育形成他的器官系统。此时，他的胳膊已经长出来了，两手在腕部呈弯曲状，并在心脏区域相交。腿在变长而且脚已经长到能在身体前部交叉的程度。胎儿此时就开始不断地动来动去了，会不停地变换着姿势，不过准妈妈现在还感觉不到。但是，现在还不能确定胎儿的性别，是男孩还是女孩还没有明确显示。

💗 胎儿10周

胎儿现在很像个小人儿了，他的身长大约有40毫米，体重为10克左右。现在，他基本的细胞结构已经形成，身体所有的部分都已经初具规模，包括胳膊、腿、眼睛、生殖器以及其他器官。这些器官还处于发育阶段，都没有充分发育成熟，但是已经做好了生长发育的准备，不久就会迅速地长大。

怀孕早期要注意的几件事

在整个怀孕早期都要节制性生活，因为此时胎盘还没有完全形成，胎儿与母体的连接不是很紧密，所以稍不留意，就会导致准妈妈受伤或出血，严重时还会导致流产。孕期的肾脏功能减退，因此要减少盐的摄入量，以免造成水肿和高血压，但也不能不摄入盐，以每天5克左右为好。

胎儿11周

进入11周，胎儿身长达到45毫米~63毫米，体重达到14克，胎儿维持生命的器官如肝脏、肾、肠、大脑以及呼吸器官都已经发育成熟，并开始工作。另外，手指甲和绒毛状的头发已经开始出现，脊柱的轮廓已经很明显，脊神经开始生长，睾丸或卵巢已经长成了，肠子在脐带与胎儿连接的地方发育，并且可以收缩。此时胎儿的生长速度加快，到本周末，头部和身体的长度会基本相同。胎儿已经在子宫内开始做吸吮、吞咽和踢腿的动作。他会经常津津有味地吸吮自己的拇指、大脚趾、小脚趾。只是动作幅度较小，准妈妈还感觉不到。

及早发现宫外孕

宫外孕的早期表现是下腹一侧有隐痛或酸胀感，会有不规则的出血，准妈妈如果发现有这些症状，要密切留意是否是宫外孕，可以检查一下子宫增大是否与妊娠月份不符。宫外孕有一定的危险性，一旦输卵管破裂，腹腔内会有大出血，不及时治疗，很容易导致休克，发生危险。

胎儿12周

胎儿现在身长大约有65毫米，从牙胚到指甲，身体的雏形已经发育完成。胎儿的手指和脚趾已经完全分离，一部分骨骼开始变得坚硬，并出现关节雏形。胎盘正在形成，从此时开始，在未来6个月，胎儿的主要任务就是努力地通过胎盘从母体中汲取养分，然后茁壮成长，到有能力脱离温暖舒适的子宫，就会出生，来到外面的世界。

做产前检查　远离猫狗

怀孕12周可以进行第一次产前检查，包括盆腔检查，测量血压，检查心脏和肺脏，化验尿常规及尿糖，口腔检查。此后，最好在妊娠中期每月检查一次，到孕晚期时每周检查一次。另外，要注意不要养猫、狗等宠物，因为猫身上携带着弓形虫病菌，准妈妈如果感染了弓形虫，会影响胎儿的正常发育，还有可能造成流产、早产及先天畸形。狗身上容易寄生一种"慢性局灶性副黏液病毒"，这种病毒进入人体的血液后会导致骨质枯软变形，引起畸形骨炎。

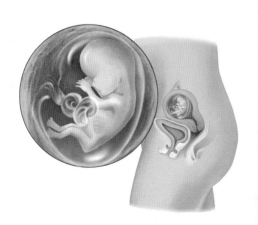

12周大的胎宝宝

营养需求变化

蛋白质、脂肪、碳水化合物

蛋白质：在本阶段前期，准妈妈的食欲还是不怎么好，但仍要努力保持蛋白质的摄入，应不低于上个月的量，即平均每天75克。尽量多吃动物性食物，如果厌食动物性食物，可以多吃一些含蛋白质丰富的植物性食物，也可以两类食物搭配，以提高蛋白质的利用率。烹调方法，完全可以根据自己的口味来决定，想吃清淡食物，就清蒸鱼、虾；想吃香浓的，就红烧猪肉、牛肉、鸡肉等，也可以选择豆制品、蘑菇等，配菜、炖汤都可以。

脂肪：脂肪如果能吃就吃一些。食用脂肪时，要尽量使其多样化，包括动物油脂，也要适当摄取。只是吃猪肥肉时，要尽量延长烹调时间，最好能用小火煮1～2小时。植物油要经常更换油种，如花生油、大豆油、葵花油、橄榄油等，吃完一种，换另一种，不要长时间用单一油脂，这样才能达到各种优势互补、营养丰富均衡的目的。如果吃不下脂肪食品，要注意多摄入碳水化合物。

碳水化合物：谷类食物、薯类食物、粗粮、水果中的碳水化合物含量都很丰富，可以把各类食物混合或组合搭配食用，这样不但可以增加食物本身的色、香、味，还能丰富营养，促进消化。如把大米、小米混合煮粥，把小麦面粉和玉米面粉混合蒸发糕，把各种豆类煮熟捣成泥做馅，包入小麦面团中做成包子。包子馅当然也可以换成其他蔬菜、肉类，加入适量油脂，这样营养更为丰富。

💟 维生素

本月，准妈妈仍然要像前一个月一样适量摄入水果、蔬菜，以保证足够的维生素摄入，此时还不需要药物制剂补充。

维生素A：此期仍然要关注维生素A的摄入，因为宝宝此时还不能在体内储存维生素A，需要从准妈妈体内摄取。足够的维生素A对此时胎儿的皮肤、胃肠道和肺部发育非常重要。补充的方法同上个月一样，既要有所摄入，又不能过量。

叶酸：叶酸也是此期不能或缺的维生素，准妈妈要继续延续此前的摄入量，每天0.6毫克，以确保宝宝的神经管正常发育。除了每天摄入含有叶酸的绿叶蔬菜和水果，可以通过制剂来补充，每天1片孕妇专用的斯利安叶酸片，可以补充0.4毫克，这样基本可以满足需求。到了孕中期，这种额外补充可以停止，而转为单纯从饮食中摄取。

核桃

维生素E：维生素E具有很强的抗氧化功能，能够阻止不饱和脂肪酸被过氧化而受损，从而维持细胞膜的完整性和正常功能，所以对此期胎儿有保护作用。另外，维生素E还可以促进脑垂体促性腺分泌功能，很多时候被用来治疗不孕不育，而孕期的准妈妈摄入适当的维生素E则有预防流产、安胎保健的作用。

腰果

准妈妈如果缺乏了维生素E容易引起胎动不安，严重时会引起流产，并且不易再受孕，同时会出现毛发脱落、皮肤早衰、多皱等问题，因此准妈妈要多吃一些富含维生素E的食物。富含维生素E的食物有各种植物脂肪，如花生油、玉米油、麻油、大豆油、葵花子油等，其中葵花子油最适合，每天的饮食里含有2大匙葵花子油，就可以满足需要了。也可以直接吃坚果，如炒葵花子、花生、核桃、栗子等。另外绿叶蔬菜也是维生素E的重要来源，肉、奶、蛋也都含有较丰富的维生素E，准妈妈可以搭配食用。孕期准妈妈每日推荐的摄入量为14毫克。

瓜子

准妈妈多吃些含有维生素E的食物，可预防流产

矿物质

钙 在孕3月，胎儿的骨骼细胞发育加快，逐渐出现钙盐的沉积，骨骼开始变硬，肢体也在逐渐变长，所以此时的胎儿需要大量的钙，如果摄入的钙不足，就会动用准妈妈自己骨骼内的钙质，转化为血钙，以供应胎儿的需求。准妈妈一旦动用了太多骨骼中的钙质，血钙浓度无法再升高，低到一定程度，小腿肌肉就会痉挛抽筋，这种抽筋大多发生在夜间，这时候，准妈妈一定要警觉了，要多补充钙质，可以多喝牛奶、多吃含钙丰富的食物，也可以咨询医生，服用钙制剂。

另外，可以多晒晒太阳，促进体内维生素D的合成，从而促进钙吸收。准妈妈在本月后期，每天最好能有1000毫克的钙摄入。

铁 准妈妈在整个孕期，体内血容量会不断增加，以此来供养宝宝，到孕晚期，体内的血液会比孕前增加约1/5，因此铁的补充需要持续不断。

镁 镁在人体内的含量不多，只有人体体重的万分之五，但广泛存在于人体，对人体有非常重要的作用，是骨骼和牙齿的重要组成部分，对体内酶系统有激活作用，对肌肉收缩和神经冲动有调节和抑制作用。此时胎儿肌肉和骨骼的正常发育都需要镁的参与，如果镁的摄入不足，胎儿出生后的身长、体重、头围、胸围都会受到一定的影响，所以孕早期的3个月，要注意补充。

镁的存在比较广泛，像新鲜的绿叶蔬菜、海产品、坚果、南瓜、甜瓜、香蕉、草莓、葵花子和全麦食品都含有较丰富的镁，常人只要饮食结构合理，饮食多样化，一般都不会有这方面的缺乏。但孕期准妈妈需要量要多一些，每天为450毫克，较常人多150毫克，所以孕期准妈妈容易缺镁。缺镁时会有一些症状表现出来，如肌肉震颤、手足抽搐、惊厥等，出现这样的情况，准妈妈一定要合理膳食，加强补充，但每日摄入不要超过3克，以免引起中毒。

进入本月后期，准妈妈需要摄入的钙质将增加至1000毫克

准妈妈一日饮食方案

本月后期，准妈妈的早孕反应将逐渐消失，紧跟而来的会是食欲猛增，但是孕期准妈妈的饮食偏好都很特殊，各有不同，甚至可以用千奇百怪来形容，准妈妈不要惊讶，想吃什么就说明身体缺乏什么，说明宝宝需要什么，所以可以想吃什么就吃什么。但是有些准妈妈会有异食癖，如想吃烟灰、沙土、纸张等，这种情况要及时咨询医生，检查一下到底缺什么微量元素，然后适当补充。另外，准妈妈的一日三餐两点也要吃好。

早餐：发糕1块+鲜牛奶250毫升+煮鸡蛋1个

发糕做法：把200克面粉和30克玉米粉加3克酵母，用230克温水拌和成面糊，覆盖保鲜膜，发酵至原来的2倍大，揉好面后，分成适量小块，上面撒适量葡萄干，放入开水锅中，隔水大火蒸20分钟即可。

7:00～7:30 早餐

午餐：大米饭+卤煮牛肉+香菇炒油菜

香菇炒油菜做法：将鲜香菇50克，油菜150克分别洗净，香菇撕小块，油锅烧热后，放入适量姜、葱、蒜爆香，放入香菇煸炒片刻，然后放入油菜炒熟，加盐、味精调味即可。

12:00～12:30 午餐

晚餐：米饭+清蒸鲈鱼+烧茄子

清蒸鲈鱼做法：将鲈鱼收拾干净，放入盘中，用适量盐、料酒腌制30分钟，隔水大火蒸10分钟，另外烧热锅，倒入蒸鱼中的汤汁，加葱丝、姜丝、红辣椒丝煮开，用淀粉勾芡，浇在鱼上，滴几滴麻油即可。

18:30～19:00 晚餐

9:30～10:00 加餐
苹果1个+豆奶饼2块

15:00～15:30 加餐
酸奶1杯+苏打饼干4片

优质蛋白餐

豌豆凉粉

原料 纯豌豆淀粉半杯，葱花、干辣椒、姜各适量

调料 盐、味精、醋、植物油各适量

做法

1. 将豌豆淀粉放入碗中，加等量的清水，调成糊。

2. 锅中倒入2杯水烧开，将豆粉糊倒入锅中，边倒边搅拌，煮至成透明糊状，倒入大碗中，放凉凝固，然后切成条，装入盘中。

3. 锅中放适量油，放葱花、干辣椒、姜爆香，倒入豌豆粉中，加入盐、味精、醋拌匀即可。

经验分享

适合食欲不佳的准妈妈，豌豆粉可以在市场买现成的，回家调味即可食用。

青豆烧肉

原料 猪五花肉250克，青豆200克，姜丝、葱段各适量

调料 冰糖5块，花椒、盐、味精各适量

做法

1. 在锅中放入适量油，放入冰糖溶化炒成糖浆，五花肉切成2厘米的块，放入锅中翻炒，至均匀上色。

2. 放入姜丝、葱段、花椒翻炒，加入约1000毫升水，加盖，大火烧开，转小火煮40分钟，加入青豆，煮20分钟，至青豆软。

3. 加盐、味精调味，大火收汁即可。

经验分享

准妈妈要是不喜欢吃肥肉，可以只吃瘦肉，但是烹调时，一定要加些肥肉，这样才能更嫩滑。

核桃牛奶饮

原料 核桃仁30克，牛奶200克，豆浆200克，黑芝麻20克

调料 白糖少许

做法

1. 将核桃仁、黑芝麻倒入研磨机中打磨成粉；将粉均匀倒入锅中与牛奶共煮。

2. 煮沸后加入白糖，早晚各饮一碗。

经验分享

牛奶不宜长时间高温蒸煮，否则会产生沉淀物，导致营养价值降低。

客家酿豆腐

原料 南豆腐500克，猪肉200克，香菇2朵，葱末适量

调料 味精、盐、胡椒粉、酱油、淀粉、植物油、香油各适量，高汤半碗

做法

1.猪肉剁成泥，香菇洗净切成末，加入葱末、淀粉，适量盐、酱油、胡椒粉，倒适量油，顺一个方向搅拌成馅。

2.豆腐切大块，在每块豆腐中间挖出一个坑，依次塞入馅料，放入热油锅中，煎至双面金黄，整齐码放在大碗中。

3.将高汤放入锅中，加盐、味精、酱油煮沸，浇在豆腐上，用大火蒸10分钟。

4.将豆腐中的汤倒入锅中，用淀粉加水勾芡，煮开后倒在豆腐上，再淋上香油即可。

 经验分享

豆腐、猪肉、香菇都含有优质蛋白。

家常臊子鱼

原料 鲤鱼1条，猪肉120克，葱花、姜末、蒜片各适量，豆瓣酱15克

调料 酱油、盐、料酒、白糖、淀粉、味精、胡椒粉、植物油各适量

做法

1.将鱼收拾干净后，在鱼身上划花刀，加入料酒、盐、胡椒粉腌渍。

2.将猪肉切小丁，放入热油锅中稍煸，加入葱、蒜、姜炒出香味，加少许水烧开。

3.另一锅中放适量油烧热，将鱼放入稍炸后，捞出加入肉汤中，煮至鱼熟，盛出。

4.淀粉勾芡，再加白糖、味精、酱油，将鱼汤收浓汁，浇在鱼上即可。

 经验分享

鲤鱼中的蛋白质非常优质，人体可以吸收其中96%。烹调前，将鲤鱼用料酒腌渍可以去腥味。

松仁玉米

原料 鲜玉米粒1碗，松仁100克，红椒半个，葱适量

调料 白糖、盐、植物油各适量

做法

1.将玉米粒洗净，放入开水锅中烧开，转小火煮5分钟，捞出沥水备用。

2.松仁放入锅中焙干；红柿子椒洗净，切成丁备用。

3.将锅烧热，倒入适量油，油热后，放入葱花煸炒片刻，放入玉米粒和红椒丁，再放入盐和白糖，翻炒片刻，倒入适量水，加盖焖3分钟，再倒入炒好的松仁炒匀即可。

 经验分享

口味清甜，营养丰富。如果是买玉米棒，自己剥粒用，要注意剥干净，不要把玉米胚留在棒上，这一部分的营养非常丰富。玉米和松仁都含有丰富、优质的蛋白质。

钙铁双补餐

香辣芹菜豆干丝

原料 芹菜300克，白豆干8块，红椒2个

调料 辣椒油、花椒粉、盐、味精各适量

做法

1.将白豆干切细丝，放入温水中，加盐、味精泡5分钟，捞出沥干。

2.芹菜去叶切段，放开水内略汆烫，过凉；红椒去籽，洗净切丝。

3.锅中放辣椒油烧热，放入豆干、芹菜、红椒翻炒至熟，加盐、花椒粉、味精略炒即可。

 经验分享

此菜也可以凉拌食用，凉拌时，芹菜可不汆烫，这样的口感更爽脆。

牛奶山药麦片粥

原料 鲜牛奶500毫升，山药50克，麦片100克

调料 白糖适量

做法

1.将山药去皮，切小块。

2.将牛奶倒入锅中，加入山药、麦片，大火煮开，转小火，边煮边搅拌，煮至山药、麦片熟烂，加入白糖煮至溶化即可。

 经验分享

注意不要用燕麦片，燕麦片有滑肠作用，此时胎儿与准妈妈联系还不够紧密，容易导致流产。

青椒炒鸡胗

原料 青椒2个，红椒2个，鸡胗250克，姜丝适量

调料 料酒、盐、味精、植物油各适量

做法

1.将鸡胗洗净切片，放入开水汆烫后，加料酒腌渍10分钟。

2.锅中放油，加热后，放入姜丝爆香，加鸡胗大火炒至将变色。

3.将青、红椒切片，放入，翻炒片刻，加盐，加少许水，加盖稍煮，熟后加味精调味即可。

 经验分享

鸡胗有异味，烹调前要仔细清洗，最好用开水汆烫。

豆芽鱼片

原料 黄豆芽200克，生鱼肉300克，葱段、姜丝各适量，胡萝卜1根

调料 酒2大匙，姜汁半大匙，胡椒粉少许，盐、糖各半大匙，生粉1大匙，淀粉、植物油各适量

做法

1.将锅中放适量油烧热，放入姜丝爆香，将豆芽择去老根，洗净，放入锅中炒至八成熟盛出。

2.将鱼肉洗净，切片，加入胡椒粉、姜汁、一半盐、糖拌匀腌制30分钟。

3.锅中放油烧热，倒入酒，用水将淀粉调成糊倒入，放入腌好的鱼片煮至熟，加入豆芽、胡萝卜片大火炒匀，加入另一半盐、糖调味即可。

经验分享

黄豆在发芽过程中，有更多的钙、铁、磷、锌等营养素被释放出来，大大提高了这些矿物质在人体中的吸收利用率。吃黄豆芽还能减少体内乳酸的堆积，消除疲劳，缓解准妈妈的早孕反应。

黑木耳豆腐汤

原料 黑木耳10克，豆腐2块，胡萝卜半根，葱2段，姜1片

调料 盐2克，鸡精少许，鸡汤、香油各适量

做法

1.黑木耳用温水泡发，去蒂洗净；豆腐切成1厘米厚的片；胡萝卜洗净，切丁；葱、姜洗净，切末。

2.锅内加入鸡汤，倒入胡萝卜丁、黑木耳，调入盐、葱末、姜末，炖10分钟。

3.烧沸后放入豆腐片、鸡精，淋上适量香油即可。

西红柿土豆汤

原料 西红柿100克，土豆1个，奶酪5克

调料 盐、清汤各适量

做法

1.土豆煮熟，去皮捣成泥；西红柿洗净，切小块。

2.将清汤倒入锅中，加入西红柿块、土豆泥，小火煮至西红柿熟。

3.加入奶酪煮融化，加入盐调味即可。

经验分享

泡发黑木耳的水可用温盐水，这样半小时就能让黑木耳迅速变软。

经验分享

口味清淡，适合孕期准妈妈食用。奶酪中的蛋白质含量丰富且质量很高，准妈妈也可以拿来夹面包、拌水果等食用。

补镁餐

花生芝麻糊

原料 花生200克，芝麻100克，蜂蜜少许

调料 植物油适量

做法

1.将花生仁用油炸熟；黑芝麻炒香。

2.将花生仁和黑芝麻一同放入搅碎机，搅成粉末状，放入密封的玻璃罐中保存。

3.食用时用开水冲调，放适量蜂蜜。

经验分享

花生和芝麻都是含镁较丰富的食物，常喝可以有效补充镁元素。而且，这款粥其他的营养素，如蛋白质、脂肪、铁、钙、锌等的含量也很丰富。

紫菜包饭

原料 烤紫菜1张，米饭1碗，鸡蛋1个，黄瓜条、胡萝卜条、火腿条各适量，菠菜250克，芝麻少许

调料 盐、白醋、白糖、植物油各适量

做法

1.将鸡蛋加入适量盐打散，锅烧热，抹油，倒入蛋液摊成蛋皮，切丝；菠菜去根余烫熟，一起放入少许盐拌匀，腌一会儿；米饭加入白醋和白糖拌匀。

2.将竹帘平铺，上铺1片烤紫菜，再铺1层米饭约5毫米，抹平，将黄瓜条、胡萝卜条、菠菜、鸡蛋丝、火腿条依次放在饭上，撒上芝麻，将紫菜卷起，压紧，切成小段即可。

经验分享

紫菜、芝麻、菠菜含镁都比较丰富，缺镁的准妈妈可以多吃些。

干烹虾仁

原料 虾仁250克，鸡蛋清1个量，葱、姜各适量

调料 料酒、盐、酱油、淀粉、植物油各适量

做法

1.将虾仁用蛋清、淀粉、盐拌匀，腌30分钟，入热油锅中炸至浅红色，捞出沥油。

2.将锅中油倒出后，虾仁再次入锅，放入酱油、料酒、葱、姜炒一下即可。

经验分享

虾中镁、钙的含量都较高，很适合准妈妈在孕期吃。

补 维生素餐

紫薯粗粮饭

(原料) 米1量杯，紫薯半根，玉米半根

(做法)

1.米提前30分钟浸泡，玉米剥粒，紫薯洗干净切小丁。

2.烧开水，米上笼蒸12分钟左右。

3.米饭蒸12分钟后，如看不见水分，便可倒入紫薯和玉米粒，续蒸8分钟左右即可。

 经验分享

紫薯中维生素种类很多，而且含量丰富，能为准妈妈补充多种营养素。

西红柿玉米鸡肝汤

(原料) 鸡肝250克，西红柿1个，玉米、姜丝各少许

(调料) 料酒、盐、淀粉、白醋、香油各适量

(做法)

1.将鸡肝去筋膜，洗净切薄片，放入大碗，倒入白醋和清水搅匀，浸泡20分钟，捞出用清水冲洗，沥干，放入碗中，调入料酒、盐和淀粉抓拌均匀，腌制10分钟。

2.把西红柿洗净，切成5厘米大小的块；姜去皮切丝；玉米洗净后，切成大块。

3.锅中放入玉米、姜丝、清水和一半西红柿块，大火煮开后转小火稍煮，倒入剩余的西红柿块，加盐调味，转大火，放入鸡肝煮沸，煮至鸡肝变色，滴几滴香油即可。

经验分享

肝脏是解毒器官，会残留一些有毒物质，需要较长时间的浸泡、清洗。

缓解孕吐餐

苹果汁

原料 苹果1个，纯净水半杯

调料 蜂蜜1小匙

做法

1.苹果洗净去皮，切成小丁。

2.将苹果丁放入果汁机，加入纯净水和蜂蜜，启动机器约1分钟，苹果汁和蜂蜜充分混合即可。

口味酸甜，可以开胃、止吐，准妈妈若不喜太甜，可以加入适量凉白开调和饮用。

丁香梨

原料 梨500克，丁香15克

调料 冰糖20克

做法

1.将梨削去皮，洗净，用竹签均匀地在表面戳15个小孔。

2.将丁香插入小孔，放入带盖的碗中，加盖，放入蒸笼蒸40分钟，取出拣去丁香。

3.将冰糖加水放入锅中，加热熬成糖汁，浇在梨上即可。

丁香可行气和胃，降逆止呕，对准妈妈妊娠呕吐有一定的治疗功效。另外梨与丁香伺蒸后，寒性大减，可以帮助准妈妈生津消食、益胃降逆。

红枣生姜粥

原料 大米100克，红枣50克，老生姜1块

调料 红糖2大匙

做法

1.大米洗净，用水浸泡1小时；老生姜拍碎。

2.老生姜加3碗水煮出味。

3.锅内加入姜汁、红枣、大米和适量水，用小火慢慢炖煮至粥稠，再放入红糖煮10分钟即可。

生姜与红枣搭配，可以在缓解孕吐的同时，补充铁质，预防贫血，对孕早期准妈妈很有益处。

开胃餐

腰果彩椒炒猪腱

原料 猪腱肉150克，青椒1个，红椒1个，腰果100克

调料 盐、淀粉、豉油、植物油各适量

做法

1.将猪腱肉洗净，切成小丁，加入盐、淀粉和豉油腌3分钟；青、红椒洗净切丁；腰果放入锅中焙熟。

2.锅内放油烧热，放入猪腱肉炒熟备用。

3.另起锅放油烧热，放入青、红椒略炒，加盐，放猪腱肉炒匀，加入腰果即可。

 经验分享

腰果中的油脂含量很高，消化功能弱的准妈妈要少吃，以免引起腹泻。

豆仁饭

原料 粳米250克，嫩蚕豆100克，春笋100克，腊肉50克

做法

1.将春笋去皮，洗净，切成丁；嫩蚕豆洗净，去皮；腊肉切丁备用。

2.将粳米淘净，倒入锅中，加适量清水，煮至将成饭时，将蚕豆、春笋丁、腊肉丁撒在饭上，继续煮至所有材料熟。

3.拌匀之后即可食用。

 经验分享

这道菜有和中益气的作用，孕期准妈妈食用可以开胃助食欲。

糖醋黄瓜片

原料 黄瓜300克

调料 盐、白糖、白醋各适量

做法

1.将黄瓜洗净，切成薄片，用盐腌渍30分钟。

2.用冷开水洗去部分咸味，控干水，加盐、糖、白醋腌1小时即可。

 经验分享

黄瓜表面不平滑，较难清洗，所以要多洗几遍，彻底洗净再食用。另外，黄瓜性凉，不宜多吃，特别不宜与含油脂较多的食物同吃，容易引起腹泻。

常见饮食与营养问答

Q1：孕期吃水果有什么讲究吗

在孕早期孕吐严重时，吃水果可以减轻反应，增强食欲，但是也不能随便吃，更不要用水果代替正餐。有些水果含糖量太高，如西瓜、香蕉、菠萝、葡萄等，不宜摄入太多，以免引起妊娠糖尿病。每天摄入的水果总量控制在500克以内。

吃水果最好在两餐之间。吃之前要彻底清洗，可以削皮的尽量削皮，削皮的刀具用过后及时清洗，不要和切菜、切肉的混用，也不要放在一起，以免沾染上寄生虫卵。吃后及时漱口，以免伤害牙齿。

有流产征兆的准妈妈不要吃山楂，山楂容易引起宫缩，正常的准妈妈也只能少量食用。贫血的准妈妈不要吃石榴和杏子。还有荔枝、桂圆、柑橘性热，不宜多吃，以免引起胎儿不安或准妈妈上火。有些寒性食物，如柿子，妊娠高血压准妈妈可以适当吃一些，正常的准妈妈食用反而容易引起大便干燥，所以不可多吃。

Q2：孕期使用调味品有讲究吗

孕期准妈妈不宜食用太多盐，盐如果摄入太多，容易导致妊娠高血压，推荐摄入量是每天不超过5克。另外，也要注意不要吃含盐量太高的小零食。

味精不能吃太多，太多的味精会减少体内的含锌量，不利于胎儿神经系统的发育。孕期也不宜吃太多醋，摄入太多醋，会加重准妈妈疲乏、无力的感觉。

热性调料，如花椒、茴香、桂皮、辣椒、五香粉等，也不宜吃太多，容易上火的准妈妈更要少吃，以免引起便秘。而姜、蒜作为开胃食物，准妈妈可以食用，但也不能吃太多。

最后，不要用生姜红糖水来缓解孕吐，只有在风寒感冒后，才能适当饮用。

Q3：怎样预防弓形虫病

弓形虫病会引起胎儿失明、癫痫和智力低下，准妈妈在整个孕期都要注意积极预防弓形虫病，并在孕早、中、晚期都要进行检查，万一有感染，可以尽早采取措施。另外，生活中要多注意，避免感染。

首先，肉类食物，无论猪肉、羊肉还是牛肉，都要彻底煮熟才吃；水果、蔬菜要彻底清洗干净；切过生肉的菜板和刀具最好能用开水清洗、消毒；接触过生肉、蔬菜的准妈妈要仔细洗手；还有鲜牛奶和奶制品要加热消毒之后才可以食用。

另外，猫身上寄生着弓形虫，所以准妈妈孕期不要养猫，如果有猫，可暂时送走。

Q4：哪些食物容易导致流产

有些寒性食物、热性食物，或含有毒素的食物容易导致流产，有流产征兆的准妈妈或有过流产史的准妈妈要注意慎吃以下食物：

螃蟹尤其是蟹螯，性寒凉，不宜吃；甲鱼，性寒凉，备孕期食用可以滋阴益肾，有助于补益精卵，但孕期不宜吃。

孕期不宜多吃桂圆这样的热性食物

马齿苋、薏米、山楂、燕麦有刺激子宫收缩的作用，都不能大量食用，容易流产的准妈妈更不宜吃。

桂圆等性热食物，容易引起准妈妈燥热，从而导致胎儿不安，引起流产，所以不宜大量食用。

芦荟，含有毒素，容易刺激胎儿，严重时发生流产，准妈妈在孕期不要喝芦荟汁，也不要用芦荟入菜。产后也不要食用芦荟，以免引起宝宝下痢。

Q5：可以避免把过敏体质遗传给宝宝吗

父母是过敏体质，宝宝没有遗传的有一定比例，准妈妈可以在饮食上注意一下，减少致敏因素，从而降低遗传概率。

过敏体质的准妈妈孕期不要食用可致敏食物，也不要吸烟，可以多吃一些富含维生素C、脂肪酸的食物，如秋刀鱼、鲑鱼、沙丁鱼等，还有酸奶，抑制身体的过敏反应。

另外，要注意养胎、安胎，避免早产，因为早产的宝宝免疫系统发育不完善，容易发生过敏。

宝宝出生后，准妈妈可以适当延长母乳喂养时间，推迟添加辅食的时间，并谨慎选择辅食，一些高致敏食物，要等到宝宝3岁以后再添加。

Q6：准妈妈怎样预防过敏

过敏体质的准妈妈在孕期要注意避免过敏，以免影响胎儿安全。

挑选食物时，安全是第一位的。要选那些低致敏且自己之前常常食用的食物；那些之前会致敏的食物，坚决不能吃；有些即使之前不过敏，但容易致敏的食物，如海鲜产品，最好也不吃；另外，自己之前没有吃过的食物，不确定是否会过敏，不要在孕期尝试。

食用动物类蛋白食物时，一定要煮熟透，比如猪、牛、羊、鸡、鸭、鱼肉及内脏等，还有蛋类、奶类等食物。

在孕期，一旦出现心慌、气喘、腹痛、腹泻，或出疹子、全身发痒等症状，首先要考虑到是否过敏，并立即停止食用该种食物。

Q7: 怎样预防孕期便秘

由于内分泌变化的原因和子宫对肠道的压迫，肠道蠕动会变慢，所以准妈妈在孕期很容易发生便秘，严重时还会引起痔疮。准妈妈需要从多个方面预防：

首先是饮食上要注意，不要太精细。准妈妈在孕期往往食物丰富，加工程度精细，而且以高蛋白、高脂肪为主，当然这样做是为了满足宝宝的成长需要和准妈妈的高能量需求，但是高蛋白、高脂肪的食物不容易消化，对肠道蠕动的促进作用也不大，所以在摄入高蛋白、高脂肪食物时要适当摄入含丰富膳食纤维的食物，如蔬菜、水果、粗粮等，以便于肠道蠕动，大便下滑。而水果中的果胶有利于肠道的润滑，也能帮助预防便秘。另外，可以多吃一些有助于肠道润滑的食物，如芝麻。

另外，生活习惯上也要注意三点，一是养成定时排便的习惯，每日定时一次，即使没有便意，也应该上厕所，以保持排便的条件反射。二是每天要保持一定的活动量，增加肠胃的蠕动能力。三是多采取左侧卧位睡觉，这样可以减少子宫对肠道的压迫，带给肠道一些蠕动的空间，也可以预防便秘。

Q8: 吃什么可以让宝宝发质好

孕期，准妈妈吃一些坚果和富含维生素B的食物有利于宝宝的发质。黑芝麻、核桃等坚果一直就是被人们公认的养发佳品，准妈妈在孕期吃一些坚果能使宝宝将来的发质更好，但是坚果油脂含量较高，吃太多，容易消化不良，还会引发食欲不佳，所以不能吃太多，一天不要超过50克。

维生素B可以预防头发枯黄、脱落或早白，能让宝宝的头发浓密、乌黑、油亮。准妈妈可以多吃一些含有丰富维生素B的食物，如瘦肉、鱼、动物肝脏、鸡蛋、牛奶、豆类、紫菜、面包、玉米等。

胎儿的生长发育与母体变化

准妈妈身体变化

终于度过了难受又紧张的孕早期，进入这个月，准妈妈会发现此前一直困扰自己的呕吐、疲惫、晕眩等孕早期妊娠反应已大大减轻，甚至完全消失不见了，反而像有股神奇的精力注入体内一般，会感觉胃口大增，精神也好了许多。

不仅如此，从这个月开始，准妈妈会看见自己的肚子在一天天地隆起，体重也在不断地增加（这个月体重会增加2.5千克～4千克）。这是准妈妈肚子里可爱的小人儿在准妈妈的精心呵护下一点一点地发育成长的表现。

同时，由于体内激素水平的改变，准妈妈的身体变化更加明显：阴道分泌物明显增多，乳房增大，乳晕颜色明显变深，面积也增大，甚至有的准妈妈已经开始在胸部、臀部和腰部出现妊娠纹……总之，这些身体变化都在提醒准妈妈——你正在孕育着一个小生命！

胎儿13周

进入孕中期，宝宝的身体在迅速成熟，他的眼睛突出在头的额部，两眼之间的距离在缩小，耳朵也已就位，大大的脑袋与身体的比例也将从原来的1/2降至1/3，使得其外形看上去更协调，更像一个漂亮娃娃。

宝宝细微之处的发育更加明显：20颗乳牙胚已经形成并悄悄地待在了牙床下；具有唯一性的指纹也在胎儿幼嫩的指尖落户；而覆盖胎儿全身的细软的胎毛，让胎儿看起来可爱至极。

胎儿14周

在这周内，胎儿可以做许多动作：像双手握紧、眯着眼睛斜视、皱眉头、做鬼脸、吸吮自己的大拇指等，这些动作可以帮助胎儿更好地发育大脑。而且，胎儿已经可以正式地把尿排到羊水里去了（这对准妈妈和宝宝都是无害的）；并在羊水里练习用肺呼吸等。

专家叮咛

要定期体检

从这个月开始，准妈妈应该按医生要求，定期去医院检查，观察胎儿、胎盘、胎心、母体的变化状况，如果发现问题需要及时处理。体检时间一般是第20、24、28、32、36、37、38、39、40周，每周一次，一共9次，但是若有特殊情况就要多次检查，一切遵医嘱。

胎儿15周

这时胎儿的面目更加像"人"了，耳朵几乎"移"到了正确的位置，但还是有点偏低；细小的眉毛开始长出来；头发也在头顶显出萌芽状态。胎儿的腿长开始超过胳膊了，手上的指甲完全形成，指部的关节也开始运动了。但胎儿的皮肤还非常薄，可以一眼看得见血管。

还有一个特别有意思的变化就是：胎儿开始打嗝了，这是呼吸的前兆。不过，因为宝宝的气管中充斥着流动的液体，所以准妈妈无法听到这个声音。

一般情况下，通过B超，已经可以分辨出宝宝的性别了。

给迅速成长的宝宝补充营养

现在腹部与母体连接的脐带开始成形，可以进行营养与代谢废物的交换。丰富的营养会通过准妈妈的嘴，源源不断地供给新生命。因此，为了供给宝宝足够的营养，准妈妈要注意均衡营养，食品的种类应该丰富，包括充足的蛋白质（肉、蛋、奶）、适量的碳水化合物（五谷杂粮）、低脂食品（鱼、奶）、多种维生素和微量元素（水果、蔬菜）、富含钙和铁的食物（海带、鱼虾）以及适量的水。

胎儿16周

胎儿现在的身长大约有12厘米，体重达到了150克。看上去还是非常小，正好是可以放在准妈妈的手掌里的大小。

这一阶段的胎儿，虽然头部以及四肢的比例看起来越来越协调了，但整体的外形却仍然像一只可爱的梨。不过这只可爱的"梨"要开始调皮了，会抓起脐带来玩，有时甚至将脐带拉紧到只能有少量空气进入。但是不必担心，宝宝已经学会保护自己了。

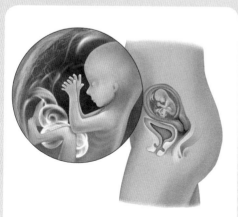

16周大的胎宝宝

需要做一次产前诊断

孕15~18周之间是做产前诊断的最佳时期。产前诊断的主要方法有B超、母体体液检查、羊膜腔穿刺术，目的是确定胎儿是否存在先天缺陷。如果你是近亲结婚者、35岁以上的高龄孕妇、分娩过染色体病患儿、多次自然流产或死产等孕妇，更需要去做检查，确定一下胎儿的健康状况。

营养需求变化

♥ 蛋白质、脂肪、碳水化合物

蛋白质：从本月起，准妈妈将进入蛋白质需求最大的时期，每天蛋白质的供给量应达到75克～95克。可以多吃鱼、肉、蛋、豆制品等富含优质蛋白质的食物。

脂肪和碳水化合物：脂肪和碳水化合物应适量增加摄入量。碳水化合物和脂肪是供给能量的主要物质，普通人热量摄入的标准值为2100卡路里。准妈妈从妊娠4个月开始，为给迅速成长的胎儿提供充足的营养和热量，需在普通热量的基础上，每天增加200卡路里的热量。所以，从这个月开始，准妈妈可以比以前多吃各种平时喜欢、但因为担心发胖而不敢吃的东西，如蜜饯、巧克力、奶油蛋糕等。但不要一次吃得过多、太饱，或一连几天大量食用同一种食品。

要注意少吃高糖食物，这些食物会让准妈妈体重超标，从而诱发妊娠糖尿病。冷饮则尽量不要食用，宝宝对冷的刺激十分敏感，如果准妈妈贪吃冷饮的话，胎儿会变得躁动不安。

准妈妈在商场购买薯片、饼干等食品时，可以查看营养成分表，进行比较。热量较高的食品，仍需适当控制食用。

猪肝含有丰富的蛋白质，只是猪肝的胆固醇含量较高（每100克中含有180毫克），而且作为代谢器官可能含有毒性物质，吃多了有害身体，但是营养学家还是建议准妈妈可每周吃1～2次，因为猪肝除了蛋白质丰富外，还有多种维生素和矿物质，特别是维生素A及磷、铁等矿物质含量较丰富，可为准妈妈提供孕期所需要的多种营养。为避免摄入有毒物质，可在烹调之前用自来水冲洗10分钟，然后放在水中浸泡30分钟。且烹调时间不能太短，若用急火爆炒至少在5分钟以上，肝片完全变成灰褐色，看不到血丝才好。

💗 维生素

为了帮助身体对铁、钙、磷等营养素的吸收，这个月要相应增加维生素A、维生素D、维生素E、维生素B$_1$、维生素B$_2$和维生素C的供给。

维生素D：维生素D有促进钙吸收的作用，准妈妈在补钙的同时，应每天补充10微克维生素D。各种肉类食品、动物油及黑木耳、银耳中含维生素D较多，特别是银耳，准妈妈可多吃一些。银耳还有滋阴养颜的功效，非常适合女性食用。

另外，雪菜、小白菜、空心菜、芥蓝、木耳菜、西蓝花是几种同时含较多维生素A和维生素C的蔬菜，准妈妈可以多吃一些。

膳食纤维：从这个月开始，准妈妈要尽量多吃蔬菜和水果。蔬菜和水果富含膳食纤维，可促进肠蠕动，防止孕期便秘，西红柿、胡萝卜、茄子、白菜、芹菜、菠菜、南瓜、葡萄、橙子、苹果等都可以选择。若准妈妈孕前就有便秘症状，怀孕后更要多吃含膳食纤维丰富的蔬菜水果。

爱吃水果的准妈妈需要注意：

1.要选择时令蔬果，一些反季节水果一般是用化学物质催熟的，准妈妈吃了对自身和胎宝宝都没有好处。

2.吃水果要控制好量，一些高糖水果，如苹果、香蕉等不要无限制地食用，过量摄入易导致肥胖，严重的还会导致妊娠糖尿病。建议准妈妈每天食用水果的量应控制在500克以内（分两次吃），种类要丰富多样，不要单吃一种水果。如果准妈妈患有妊娠期糖代谢异常或是妊娠糖尿病，每日食用水果的量则需减半。

3.少吃或不吃性寒凉的水果，即使是夏天也要少吃，如西瓜、荸荠等。

4.不要在饭后立即吃水果，因为这样容易造成胀气和便秘。如果准妈妈孕期经常便秘，就更要注意这点了。最佳的吃水果时间应该放在饭后2小时或饭前1小时。

5.吃完水果后要注意漱口。因为有些水果含有多种发酵糖类物质，对牙齿有较强的腐蚀性，食用后若不漱口，口腔中的水果残渣易造成龋齿。

矿物质

这个月需要作为重点补充的营养素是铁，其次是钙、锌和碘。

铁：怀孕使准妈妈体内的血容量增加，要求增加铁质，而供给胎儿营养、补偿分娩失血及产后哺乳也都需要大量铁质，因此准妈妈在孕中期开始就需要特别补充铁质。如果准妈妈缺铁，不仅会影响胎儿的正常发育，还会使胎儿体内的铁贮存减少，出生后易患缺铁性贫血，严重的还容易出现早产。因此，到了孕中期，不管是否贫血，准妈妈都要注意补铁。如果准妈妈在孕前就有贫血现象，则更应该及时补充铁质。

中国营养学会建议准妈妈在孕中期应每天摄入25毫克铁。含铁丰富的食物有：动物血、动物肝脏、动物肾脏、瘦肉、蛋黄、鸡、鱼、虾、豆类、绿叶蔬菜、西红柿、黄花菜、杏、桃、李、葡萄干、红枣、樱桃等。另外，海带、红糖、芝麻酱也含有较丰富的铁。

钙：除了铁，钙也是孕中期准妈妈不可忽视的营养素，钙是人体骨骼和牙齿的重要构成元素之一。本月是胎宝宝长乳牙胚的时期，所以准妈妈要多吃含钙的食物。怀孕中期准妈妈每天需要补充1000毫克~1200毫克的钙，建议多吃含钙丰富的奶类食品、豆制品、干果、海产品等。另外要注意，食物补充钙质，应少量多次，少量多次补充，吸收效率会比一次大量补充高很多。如果和含维生素D丰富的食物一起食用，钙的吸收率也可以高很多，如鱼头烧豆腐，就是不错的搭配，鱼头内的维生素D可提升人体对豆腐中钙的吸收利用率。

锌和碘：其他营养素如锌、碘、镁、铜、硒也要适量摄取。富含锌的食物有生蚝、牡蛎、肝脏、口蘑、芝麻、赤贝等，其中，以生蚝的含量最为丰富。但通过膳食补锌，建议每天的补充量不要超过20毫克。富含碘的食物有鱼类、贝类和海藻等海鲜，准妈妈应每周至少吃两次含碘丰富的食物，以促进宝宝大脑发育。

晒太阳可以促进钙质吸收，预防缺钙

准妈妈一日饮食方案

现在，胎宝宝的营养需求加大了，准妈妈的食欲也增加了，为了胎宝宝的健康成长，准妈妈可以解放自己，吃各种喜欢吃的食物，全面地摄取各种营养。不过，解除"食禁"时有一个原则：再好吃、再有营养的食物都不要一次吃得过多、太饱，否则过剩的营养会给准妈妈身体带来负担。

早餐： 花卷1个（约50克）+红糖小米粥1碗+鸡蛋1个+蔬菜或咸菜适量

红糖小米粥做法：准备小米150克、红枣5～10颗、花生少许、红糖10克。将小米洗净，放入汤锅中用清水浸泡30分钟左右；红枣洗净，去核，切碎；花生切碎。将汤锅置火上，用大火烧开，转小火慢慢熬煮，待小米粒粒开花时放入红枣，搅拌均匀后继续熬煮，待红枣软烂后放入红糖、花生拌匀，再熬煮几分钟就可以关火了。

7:00～7:30 早餐

午餐： 米饭+瘦肉炒芹菜+南瓜羹+凉拌西红柿

南瓜羹做法：南瓜适量去皮去瓤，切小块；猪肉少量洗净，切末。然后将南瓜块、肉末放锅中加高汤煮，边煮边将南瓜捣碎，煮至稀软即可。

12:00～12:30 午餐

晚餐： 米饭+鸡蛋炒莴笋+什锦烧豆腐

烧豆腐的做法：将豆腐洗净，切成方块儿；泡好的香菇切成小片；火腿、笋尖、鸡肉、猪肉等分别切成片。锅置火上，放油烧热，放姜末、虾，略炒后放入豆腐和切好的猪肉片、鸡肉片、火腿片、笋片等，并倒入酱油、料酒炒匀，加入肉汤，待烧开后倒砂锅内，移小火煮10分钟，加入鸡精、盐即可。

18:30～19:00 晚餐

9:30～10:00 加餐
牛奶300毫升+全麦饼干50克+苹果或梨1个

15:00～15:30 加餐
红豆沙包1个+紫菜汤1碗

全面营养餐

核桃鸡丁

原料 鸡肉300克，核桃仁100克，鸡蛋清1个量，青笋75克，水发香菇25克，姜、葱各适量

调料 水淀粉、生抽、料酒、盐、味精各少许，植物油适量

做法

1.将鸡肉切成丁，放蛋清和适量水淀粉拌匀；核桃仁用水泡软去衣；青笋、水发香菇切丁氽烫；葱切葱花，姜切末。

2.锅内放油烧热，放入核桃仁炸至微黄捞出；再将鸡丁、青笋丁下锅滑透捞出。

3.锅内留底油，放入所有材料，加料酒翻炒。另将盐、味精、水淀粉、生抽，加适量水调成汁倒入，炒匀即可。

经验分享

炸核桃仁时，只要其颜色微黄即可，以免炸太久，味道发苦。

香椿蛋炒饭

原料 嫩香椿芽100克，米饭250克，鸡蛋2个，猪瘦肉50克

调料 盐、水淀粉、植物油各适量

做法

1.猪瘦肉洗净切细丝，放到碗里，加入少许盐、水淀粉、半个蛋清，抓匀上浆。

2.将另一个鸡蛋磕入剩余的蛋液中，放少许盐拌匀；香椿芽择洗干净，切末备用。

3.锅内放油烧热，放入肉丝滑散，盛出。

4.锅再倒油烧热，倒入蛋液炒熟，下入肉丝、香椿末翻炒，倒入米饭拌匀即可。

经验分享

也可将香椿和蛋液混合煎成蛋饼。

猪蹄香菇炖豆腐

原料 猪蹄500克、豆腐50克、鲜香菇30克

调料 姜片、料酒、盐各适量

做法

1.将猪蹄洗净氽烫，捞出过凉；豆腐放入盐水或沸水中浸泡10分钟，切成小块备用；鲜香菇去蒂，洗净，一切两半。

2.锅置火上，放入适量清水，放入猪蹄，大火烧沸后小火炖半小时，再下香菇、豆腐，加入料酒、姜片，煮至猪蹄熟烂，加入少许盐调味即可。

经验分享

豆腐烹制前用盐水或沸水浸泡十几分钟，除去卤水味，口感更好。

什锦沙拉

原料 胡萝卜1根，土豆1个，小黄瓜2根，火腿3片，鸡蛋1个

调料 胡椒粉、糖、盐、沙拉酱各适量

做法

1.将胡萝卜洗净切粒；将土豆洗净去皮切片，煮熟后捞出压成泥；黄瓜洗净切粒，用少许盐腌10分钟；火腿切成细粒；鸡蛋煮熟，蛋白切粒，蛋黄压碎备用。

2.土豆泥拌入胡萝卜粒、黄瓜粒、火腿粒及蛋白粒，加入胡椒粉、糖、沙拉酱拌匀，撒上碎蛋黄即可。

色香味俱全，富含维生素。

雪菜肉丝汤面

原料 面条200克，猪肉100克，雪菜 50克，葱花和姜末适量

调料 盐、酱油、料酒、水淀粉、植物油各适量，鲜汤1碗，味精少许

做法

1.雪菜洗净，用清水浸泡3小时，使之变淡，捞出挤干水分，切碎末；猪肉洗净切丝，放入碗内，加料酒、盐、水淀粉拌匀。

2.锅内放油烧热，放葱花、姜末炝锅，放入肉丝炒至变色，放雪菜末炒几下，加料酒、酱油、盐、味精拌匀，汁开后盛出。

3.另烧一锅开水，下入龙须面，煮至面条发涨、呈玉白色、浮起，点少许冷水1～2次，再煮3～4分钟，至面条熟。

4.将煮好的面条盛入碗中，加入鲜汤，把炒好的雪菜肉丝均匀地盖在面条上即可。

也可在雪菜肉丝炒好后直接加水煮开，然后浇在煮好的面条上。

红薯炖排骨

原料 红薯100克，排骨300克，香菇3朵，葱3段，姜1片

调料 料酒、酱油、海鲜酱各1大匙，白糖少许

做法

1.红薯洗净去皮，切滚刀块；排骨洗净，剁成3厘米长块；香菇洗净，去蒂。

2.排骨入沸水锅中汆烫，捞出沥水，加入葱段、姜片及所有调味料，拌匀，腌渍半小时。

3.取一个微波碗，铺上香菇，将排骨围在周边，填入红薯块。

4.将腌渍排骨的汁液兑半杯清水，倒入碗内，放入微波炉，高火转20分钟，取出汁液，将碗倒扣到碟上，把汁淋到碟上即可。

不要一次吃太多红薯，吃多了烧心，也不利于消化，一次吃红薯80克左右即可。

补铁餐

胡萝卜炒猪肝

原料 猪肝、胡萝卜各100克，芹菜1根，大蒜2瓣，姜1片，青椒丝少许

调料 料酒、盐、胡椒粉、淀粉各适量

做法

1.猪肝洗净切片，用料酒、胡椒粉、盐、淀粉拌匀；将芹菜去叶，洗净后切丝；胡萝卜洗净切成菱形片；姜切丝、蒜切片。

2.锅内加入植物油烧热，倒入猪肝，大火炒至变色后盛出。

3.锅内留少许底油烧热，下入姜、蒜稍炒，加入胡萝卜、芹菜翻炒至熟，倒入猪肝，加入青椒丝，翻炒几下即可。

 经验分享

猪肝切片后应迅速用调料和湿淀粉拌匀，并尽早下锅。猪肝中铁的含量相当丰富，可以帮助准妈妈预防贫血。

肉末蒸蛋

原料 鸡蛋3个，猪肉50克，葱末适量

调料 水淀粉、酱油、盐、味精各适量

做法

1.将鸡蛋打入碗内搅散，放入盐、味精、清水适量搅匀，上笼蒸熟。

2.选用三成肥、七成瘦的猪肉，洗净，剁成末。

3.锅内放油烧热，放入肉末炒至松散出油时，加入葱末、酱油、味精及适量水，用水淀粉勾芡后，浇在蒸好的鸡蛋上面即可。

 经验分享

蒸蛋时放几粒豆豉味道更好。

丝瓜瘦肉汤

原料 嫩丝瓜200克（1条），猪瘦肉100克，红枣10克

调料 生姜10克，清汤、盐、植物油各适量

做法

1.将嫩丝瓜去皮，洗净切片；猪瘦肉洗净，切片；红枣泡透；生姜去皮，切成片。

2.锅置火上，烧热放油，放入姜片炝香锅，加入清汤适量，用大火煮开，投入红枣、猪瘦肉，煮至八成熟。

3.加入丝瓜片，放盐，续煮3分钟后盛入碗内即可。

 经验分享

在煮制此汤时火候要稍大点，否则汤质不清，味也不香。

猪血菠菜汤

原料 菠菜250克，猪血100克，葱1根
调料 盐、香油各适量
做法

1.猪血洗净、切块；葱洗净，葱绿切段，葱白切丝；菠菜洗净，切段。

2.锅中倒1小匙油烧热，放入葱段爆香，倒适量清水煮开。

3.放入猪血、菠菜，煮至水滚，加盐调味，熄火后淋少许香油，撒上葱白即可。

经验分享

菠菜、猪血都含有丰富的铁，是补血的好材料，这道汤还能明目润燥，贫血的准妈妈不妨经常饮用。

花生米炒芹菜

原料 芹菜150克，生花生米50克，瘦猪肉50克，红甜椒1只，大蒜3瓣
调料 水淀粉1大匙，酱油、白糖、盐各1小匙，植物油适量
做法

1.将猪肉洗净，剁成肉末，加入酱油拌匀，腌5分钟左右；将芹菜洗净，切成小段；花生米洗净，沥干水；红甜椒洗净，切成小块；大蒜去皮洗净切片。

2.锅置火上，放油烧热，放入花生米，小火炸熟后捞出控油。

3.锅留底油，放入肉末炒散，加入蒜、芹菜、红甜椒，中火炒至七八成熟，加入盐、白糖，翻炒均匀。再倒入炸好的花生米，用水淀粉勾芡，翻炒均匀即可。

经验分享

炸花生米的油温要合理掌握，过高易炸煳；芹菜一定要嫩。

胡萝卜烧牛腩

原料 牛腩500克，胡萝卜250克，姜片少许，葱2段
调料 郫县豆瓣酱、西红柿酱、白糖、料酒各1大匙，甜面酱半大匙，盐、水淀粉、植物油、八角、香菜各适量，酱油2大匙
做法

1.将牛腩洗净，放入开水中煮5分钟，取出冲净。另起锅加清水烧开，将牛腩放进去煮20分钟，取出切厚块。留汤备用。

2.将胡萝卜去皮洗净，切滚刀块。

3.锅内放油烧热，放入姜片、葱段、豆瓣酱、西红柿酱、甜面酱爆香，放入牛腩爆炒片刻，加入牛腩汤、八角、白糖、酱油、盐，用大火烧开，再用小火煮30分钟左右。

4.加入胡萝卜，煮熟，最后用水淀粉勾芡，撒上香菜即可。

经验分享

胡萝卜含大量的铁，对治疗贫血有很大作用；牛腩可以补中益气，滋养脾胃。

补钙餐

鸡蛋牡蛎煎饼

原料 中筋面粉150克，鸡蛋3个，牡蛎100克，香葱末50克

调料 盐、香油、胡椒粉、植物油各适量

做法

1. 中筋面粉加鸡蛋液调匀。

2. 牡蛎择洗净，焯水处理后，加入盐、香油、胡椒粉、香葱末拌匀，再与鸡蛋面拌在一起。

3. 平锅置火上烧热，加适量底油，放入牡蛎面饼，用小火煎至两面金黄色，熟透即可。

经验分享

在孕中期常食牡蛎，既能增强准妈妈的体力，又能加速胎宝宝的生长，还能预防准妈妈和胎宝宝缺钙。

海带排骨汤

原料 排骨300克，水发海带1张，葱、姜片各适量

调料 料酒、盐、味精各适量

做法

1. 将排骨洗净，汆烫去除血水后捞出；将海带洗净，切成1厘米的条备用。

2. 在锅内放大半锅水，水烧开后加入排骨、少许葱、姜、料酒，用中火煮20分钟。

3. 把海带加入排骨汤中，改用小火煲1小时后，加入盐和味精即可。

经验分享

海带排骨汤也可以用高压锅来炖制，炖熟后加点儿醋，可促进钙质的溶解。

牡蛎炒鸡蛋

原料 牡蛎100克，鸡蛋1个，葱、姜各适量

调料 盐、料酒、植物油各适量

做法

1. 牡蛎去壳洗净，沥干，切丝，放入碗中，打入一个鸡蛋，加适量盐搅匀。

2. 锅置火上，放油烧热，放入葱、姜爆香，倒入鸡蛋与牡蛎，大火炒，鸡蛋成块即可。

经验分享

还可用牡蛎和蛋煎成饼，制作方法是：牡蛎加入调料拌匀，再倒入鸡蛋液，成蛋料，然后倒入油锅中，小火煎至两面金黄色至熟即可。

三鲜豆腐

原料 豆腐、蘑菇各250克，胡萝卜、油菜各100克，姜、葱各少许，海米10克

调料 酱油1小匙，鸡精、盐、水淀粉、高汤、植物油各适量

做法

1.将海米用温水泡发洗净；豆腐切片，余烫后捞出沥干水；蘑菇洗净，余烫后捞出切片；胡萝卜洗净切片；油菜洗净，沥干水；葱切丝、姜切末备用。

2.锅置火上，放油烧热，放入葱、姜爆香，放入海米、胡萝卜煸炒出香味，加入酱油、盐、蘑菇，翻炒几下，倒入高汤。

3.放入豆腐，烧开，加油菜、鸡精，烧沸后用淀粉勾芡即可。

经验分享

可以加入海参、冬笋、虾仁等材料一起炖，种类越多越好吃。

白灼虾

原料 鲜虾1斤，蒜瓣2～3粒，姜1小块，小米椒1只，香葱1根

调料 蒸鱼豉油、植物油各适量

做法

1.鲜虾清洗干净，蒜、姜都剁蓉，小米椒切小圈，葱切葱花。

2.水烧开后，倒入虾，虾慢慢变红。

3.当水再次大火烧开时关火，盖上盖子焖半分钟，至虾卷曲。

4.把虾捞出，洗干净锅，烧热2汤匙油，泼在混合的蒜蓉、姜蓉和小米椒上，再倒入蒸鱼豉油，最后撒上葱花。

经验分享

如果虾足够新鲜，不需要加入料酒去腥。倘若虾买回来已经不动了，应加点料酒去腥。

补碘餐

清蒸带鱼

原料 新鲜带鱼500克，姜片、姜丝、红椒丝、蒜片、葱丝、香菜末各少许

调料 料酒1大匙，酱油1小匙，盐、味精、植物油各适量

做法

1.选新鲜带鱼，去其鳃、内脏和腹中黑膜，冲洗干净，分割成寸段，加入料酒、酱油、盐、味精腌制5分钟。

2.盘底摆放姜片、蒜片、葱丝，上面均匀摆放腌好的鱼段，并把腌料汁倒入蒸盘，蒸10分钟取出，将汤汁倒出备用。

3.锅内放油烧热，放入红椒丝、蒜片、姜丝炒香，倒入蒸鱼的汤汁，烧开，撒上葱丝和香菜末，浇到蒸好的带鱼上即可。

经验分享

带鱼腥味较浓，要用料酒多腌制一会儿；带鱼腹壁的黑膜一定要撕去，那也是腥味的来源之一。

紫菜豆腐羹

原料 紫菜40克，豆腐300克，西红柿100克，小米面2小匙

调料 盐、鸡精各少许，植物油适量

做法

1.紫菜用清水泡开，洗净，再用沸水煮一会儿，拭干水分，剪成粗条；豆腐切成小方粒；西红柿洗净，切小块备用。

2.锅置火上烧热，放油，放西红柿略炒，加入适量清水，烧沸后，再加入豆腐粒与紫菜条同煮。

3.小米面混合半碗水，加入煮沸的紫菜汤内，加盐、鸡精调味，再次煮开即可。

经验分享

如果没有小米面，可用淀粉代替。

海蜇拌双椒

原料 海蜇皮200克，红椒、青椒各1个，姜适量

调料 盐、白糖、香油各适量

做法

1.海蜇皮洗净切细丝，用温水略浸泡，沥干；红椒、青椒、姜分别洗净切丝备用。

2.将海蜇丝放入盘中，加盐、白糖、香油、红椒丝、青椒丝拌匀，撒上姜丝即可。

经验分享

海蜇含有人体需要的多种营养成分，尤其含碘量丰富。

补 维生素餐

香干拌青芹

原料 芹菜、绿豆芽、香干各150克，蒜2瓣

调料 盐半小匙，醋1大匙，香油1大匙。

做法

1.芹菜洗净，切小段，放入开水锅中汆烫一下，用凉开水泡凉，沥水备用；蒜剁成泥。

2.绿豆芽掐去老根洗净，放入开水锅内焯一下捞出，用凉开水泡凉。

3.香干洗净，切成细丝，与芹菜、豆芽混合，加入香油、醋、盐、蒜泥，拌匀即可。

 经验分享

汆烫芹菜、豆芽时不能太烂，以免影响菜的营养和口味。

家常罗宋汤

原料 土豆1个，西红柿1个，洋葱1个，西芹适量，熟牛肉100克，香肠1根

调料 高汤300克，奶油100克，淀粉50克，西红柿酱3大匙，西红柿沙司2大匙，盐、白糖、胡椒粉、植物油各适量

做法

1.牛肉切小块；土豆、西红柿去皮切小块；洋葱切丝；香肠切片。

2.锅内放油烧热，加奶油、土豆块炒至外皮焦黄，放香肠炒香，再放其他蔬菜炒匀。

3.加西红柿酱、西红柿沙司和盐炒2分钟，加高汤小火熬30分钟，最后加淀粉和白糖搅匀，熬15分钟，加胡椒粉调味即可。

 经验分享

蔬菜的种类和数量可以按喜好随意增减，不管怎么做，味道都很鲜美。

鸭块白菜

原料 鸭肉100克，白菜150克，姜2片

调料 盐、料酒、花椒、味精各适量

做法

1.将鸭肉洗净切块，加水略超过鸭块，煮沸去泡沫，加入料酒、姜片及花椒，用小火炖酥。

2.将白菜洗净，切成4厘米长的段，待鸭块煮至八分烂时，将白菜倒入，一起煮烂，加入盐及味精即可。

 经验分享

如果准妈妈不喜欢吃鸭肉，也可用鸡块代替。

常见饮食与营养问答

Q 1：孕期多吃鱼可以让宝宝更聪明吗

鱼肉含有对大脑发育有益的成分——DHA。DHA是脑脂肪的重要组成物质，占人脑脂肪含量的10%左右。它具有促进大脑发育、促进神经兴奋传导、提高记忆力、判定力和决策力、防止脑老化等功能。所以，孕期多吃鱼确实对宝宝大脑发育有益。那么每周吃几次好，每次又可吃多少呢？

给准妈妈的建议是每周吃3次左右，每次不少于250克，且最好选择优质无污染的鱼类，如深海鱼，包括黄花鱼、平鱼、带鱼等，而人工饲养的鳟鱼，及来自无污染水质的鲫鱼、鲤鱼、鲢鱼等淡水鱼也是不错的选择；但是，最好不要吃鲨鱼、剑鱼、方头鱼等，这些鱼体内汞含量比较高，会影响胎儿脑发育。

Q 2：偏爱吃甜食，会不会得糖尿病

首先准妈妈们要知道，不管吃任何食物，都有一个量的问题，都是过犹不及的。尤其在怀孕期间，准妈妈的身体处于高负担、高运转的状态，更要注意饮食的全面，不能过于偏好某一种食物。

至于偏爱吃甜食的准妈妈会不会得糖尿病，这也要根据准妈妈所吃的量来定。吃太多的话，当然会比不怎么吃甜食的准妈妈更容易患上妊娠糖尿病。而且，甜食的热量也比较高，过量摄取，很容易造成肥胖，或导致腹中胎儿过于肥大。所以，准妈妈在怀孕期间不宜大量吃甜食。

但也不能因噎废食。糖对于准妈妈的身体和胎儿的发育也是非常重要的，偶尔吃吃甜食是没问题的，而且是有利的，只要不是连续吃很多就可以。

Q 3：孕期吃海鲜时需要注意什么

海鲜味道鲜美，且含有丰富的蛋白质、钙和锌，非常适合准妈妈食用，不过吃的时候还是有很多讲究的。

1.食用海鲜时要少吃寒凉食物，因为海鲜性寒，以免引起腹泻。

2.因为海鲜中含有一定量的重金属砷，而蔬菜和粗粮中的纤维可以促进重金属的排出，因此适合搭配食用，可解毒。

3.假如对产品的环境质量不十分放心的话，吃海鲜河鲜，种类每天不要超过一种，数量不要超过100克。

4.海鲜河鲜多为寒性，肠胃虚弱的准妈妈要少吃。

Q4：蔬菜生吃好还是熟吃好

蔬菜生吃好还是熟吃好，不能一概而论，需要根据蔬菜的品种来决定。

有的蔬菜中含维生素C和维生素B较多，在烹饪过程中容易遭到破坏，所以准妈妈生吃可以摄取更多营养，但有些蔬菜含有毒素或影响其他营养素吸收的物质，需要放在开水里汆烫一下再吃，而有些蔬菜不容易消化或含有有毒物质，则必须煮得熟透后才能食用。

白萝卜、水萝卜、西红柿、黄瓜、柿子椒、大白菜心、紫包菜等适宜生吃。生吃的蔬菜最好选择无公害的绿色蔬菜或有机蔬菜。生吃的方法有自制蔬菜汁，加点儿醋、盐、橄榄油凉拌，切块蘸酱等。

西蓝花、菜花等汆烫过后的口感更好，而它们含有的丰富纤维素也更容易消化；菠菜、竹笋、茭白等含草酸较多，也最好汆烫一下，这是为了最大限度地去除其草酸，因为草酸在肠道内与钙结合会生成难吸收的草酸钙，干扰人体对钙的吸收；大头菜等芥菜类的蔬菜含有硫代葡萄糖甙，汆烫水解后能生成挥发性芥子油，味道会更好，且能促进消化吸收，所以也适宜汆烫后食用；马齿苋等野菜汆烫一下能彻底去除尘土和小虫，还能防止过敏。而莴苣、荸荠等吃之前也最好先削皮、洗净，再用开水汆烫一下。

土豆、芋头、山药等必须熟吃，否则其中的淀粉粒不破裂，人体无法消化；含有大量的皂甙和血球凝集素的扁豆和四季豆，食用时一定要熟透变色；豆芽一定要煮熟吃，无论是凉拌还是烹炒。

可以生吃的菜，最好生吃，但一定要洗干净

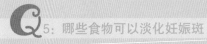

Q5：哪些食物可以淡化妊娠斑

　　一些准妈妈在妊娠4个月后，脸上会出现茶褐色斑，分布于鼻梁、双颊，也可见于前额部，左右对称，呈蝴蝶形，这被称为孕期妊娠斑。如果饮食调理适当，可以在一定程度上抑制妊娠斑的生长。

　　多吃新鲜水果、蔬菜和具有消退色素作用的冬瓜、丝瓜、西红柿、土豆、卷心菜、花菜、鲜枣、山楂、橘子、柠檬、豆制品和动物肝脏等，这些食品对消除黄褐斑有一定的辅助作用。

　　少吃咸鱼、咸肉、火腿、香肠、虾皮、虾米等腌、熏、炸的食品，少吃葱、姜、辣椒等刺激性食品。

　　一般来说，妊娠斑会在产后3～6个月内自行减轻，甚至消失，所以无须特别担心。只有部分特殊体质，以及内脏有特殊疾病的女性可能不见消失，这种情况可以到医院诊治。

Q6：爱喝粥的准妈妈用什么煮粥好

　　下面几种材料都比较有营养，准妈妈可以根据自身的情况选择食用。

　　小米：小米熬粥营养价值丰富，有"代参汤"之美称，而且还有清热解渴、健胃除湿、和胃安眠等功效。准妈妈若感觉胃不太舒服，可在早上喝碗小米粥，开胃又养胃。

　　红枣：红枣可以养心安神、健脾补血，适合经常失眠、身体虚弱的准妈妈食用。在煮粥时加几颗红枣，则能预防准妈妈贫血。

　　紫米：紫米具有补血益气、暖脾胃的功效，对改善胃寒痛、消渴、夜多小便等病症有不错的效果。

　　黑米：黑米又称"长寿米""黑珍珠"，更是软糯适口，其营养也比普通大米丰富。长期食用黑米，可改善头昏、目眩、贫血、白发、眼疾、腰腿酸软等症状。

　　荞麦：荞麦味甘性凉，有开胃宽肠、下气消积的功效，可用于大便秘结、湿热腹泻等。另外，其烟酸含量明显高于其他粮食类作物，对孕期贫血、便秘、妊娠期糖尿病都有改善作用。因此，建议用荞麦面代替一般面条，也可在早餐或加餐时将荞麦粉冲入牛奶中食用。

　　玉米：玉米是健脑食品，准妈妈适当多吃玉米对胎宝宝大脑发育很有益处。

　　红薯：红薯中的纤维素能促进肠道蠕动，刺激排便，预防便秘。但红薯中的糖类较其他粮食多，患有妊娠糖尿病的准妈妈不宜多食。

RART6　孕5月，
注意控制体重增长幅度

胎儿的生长发育与母体变化

准妈妈身体变化

准妈妈的食欲在这个月会越来越好，体重将比孕前增加3.5千克~6千克。子宫也在渐渐地变大，有成年人头部般大小，子宫底高度约16厘米~20厘米，羊水量约400毫升。

这个月胎宝宝会给准妈妈带来一份最棒的礼物：胎动。胎动会在16~20周时逐渐明显起来，准妈妈可以感到子宫在蠕动，胃里发出类似饥饿时的咕噜声。当准妈妈感觉到第一次胎动时，一定要记录下时间，下次去医院体检时要告诉医生。

当然，随着宝宝不断长大，子宫也变得越来越膨大，准妈妈会感觉到下腹部有些微疼痛，而且阴道分泌物会增多，可能还伴随着尿频、腰酸背痛、便秘、痔疮、下肢水肿、静脉曲张等不适症状，这些都是正常的，但要注意，如果腹痛持续几天仍不见缓解，要找医生咨询，以免发生意外。

胎儿17周

胎儿已经慢慢成长到正常、标准的形态了，耳朵和眼睛已经完全长到正常的位置；嘴开始张合，眼睛会眨动；比较复杂的人体系统，如泌尿生殖系统和循环系统，开始具备初步的生理功能。最让准妈妈惊喜的是，宝宝的头部可以伸展开了，宝宝甚至可以在子宫中直立起来了。

另外，从16~19周，胎儿的听力形成，此时他就像一个小小"窃听者"，能听到准妈妈的心跳声、血流声、肠鸣声和说话的声音。

胎儿18周

胎儿已经有了轮廓分明的脖子；眼睛已经睁开，并且向前看，只是还不会向左右看。而且胎儿开始频繁地胎动了，做B超检查时，准妈妈可以在仪器的屏幕上看见胎儿的情形，也许他正在踢腿、屈体、伸腰、滚动、吸吮自己的拇指，玩得不亦乐乎呢。此外，因为这时的胎儿皮肤是半透明的，准妈妈可以清楚地看见皮下血管，也能够看见胎儿全身开始长硬的骨骼。

要防止滑倒

由于体形的变化及身体负荷的增加，准妈妈变得容易疲倦，偶然还会出现身体失去平衡的情况。这时候一定要注意保护好自己的安全。最好穿防滑性好的透气平底鞋，避免出现滑倒的危险状况。

胎儿19周

宝宝的身体发生了精细而快速的变化。在宝宝体内，基本构造已到最后完成阶段，肾脏已经能够制造尿液。宝宝的感觉器官却进入成长的关键时期，大脑开始划分专门的区域进行嗅觉、味觉、听觉、视觉及触觉的发育。脑部的指示已经可以传达到某些感觉神经了。这一切都为胎教的实施提供了可行的生理依据。

帮助宝宝脑发育

由于现在正是宝宝脑发育的时期，准妈妈可以多吃一些补脑的食物来促进宝宝的脑发育。另外，宝宝最喜欢听中低频调的声音，准爸爸的说话声正合要求，所以，从这时候开始，准爸爸最好能每天坚持与子宫内的胎儿讲话，唤起胎儿的热情，帮助胎儿智力发育。

胎儿20周

从孕20周开始，胎宝宝的视网膜就会逐渐形成，开始对光线有感应，能感觉到准妈妈腹壁外的亮光。这时准妈妈可以用手电照射腹部进行胎教，他对强光的反应会很大。

现在胎儿的身长已经达到25厘米，体重达到450克。如果是女孩，她的卵巢里现在大约有600万个卵子，卵子的数目将在她出生时减少至100万。

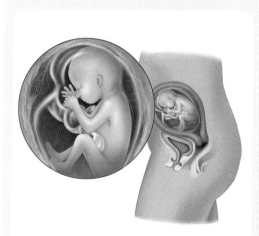

20周大的胎儿

进行家庭监护

这个时期胎儿的生长发育很快，有必要进行家庭监护以利于随时了解胎儿情况。准妈妈可以请丈夫帮着做这件事情，准爸爸的关爱会通过准妈妈的感受传达给胎宝宝。监测的内容包括监测胎动、胎心、测量宫高、体重等。正常胎动一般每小时3～5次，7～8个月时最为活跃。现在可以用听诊器在准妈妈腹部听到胎心，每分钟120～160次。宫高是指从下腹耻骨联合的上沿至子宫底间的长度，这个长度从20周起一般每周增加1厘米。

营养需求变化

蛋白质、脂肪、碳水化合物

为了保证准妈妈子宫、乳房发育以及血液中蛋白质的需要，并维持胎儿大脑的正常发育，这个月应该适量增加优质蛋白质的摄入量，以每天80克～90克为宜。建议准妈妈多吃豆制品、鱼、肉、蛋、动物内脏等。

蛋白质：这个时期是胎儿大脑发育的关键时期，作为大脑架构的主要物质，蛋白质当然必不可少。准妈妈除了要多吃上面所说的豆制品、肉、蛋等含蛋白质丰富的食物外，应尤其注意多吃鱼，鱼肉低脂肪、高蛋白，营养丰富，且不会额外增加准妈妈的负担。

吃鱼肉除了能摄取丰富的蛋白质，还有另外一个好处，就是能让准妈妈摄取到两种不饱和脂肪酸——DHA和EPA，这两种营养素对胎儿大脑发育非常有利。而且，吃鱼最好多吃鱼头，这有益于宝宝大脑的分区发育，因为两种不饱和脂肪酸在鱼油中含量要高于鱼肉，而鱼油又相对集中在鱼头内。

脂肪：吸收利用不饱和脂肪酸是建议准妈妈摄入脂肪的一个重要原因，除了鱼油，大部分的植物油都含有不饱和脂肪酸，可以为胎儿的大脑发育提供助力，此外，准妈妈还可食用一些富含油脂的食物，如核桃、芝麻、栗子、桂圆、黄花菜、香菇、紫菜、牡蛎、虾、鸡、鸭、鹌鹑等。

碳水化合物：准妈妈需要的大部分能量需要从碳水化合物中摄取。所以准妈妈在此阶段一定要吃饱，吃好，主食要保证大米和谷类食物的摄入量，并做到粗细搭配，大米可经常吃，小米可用来煮粥，玉米可用来做菜，薯类可以蒸熟后当零食食用，另外还可去超市购买杂粮窝窝头、荞麦面条等。总之，热量摄取要充足且要丰富全面。

同时要提醒准妈妈少吃对胎儿大脑发育有害的食物。这类食物有：含铅食物，如爆米花、皮蛋；含铝食物如熏鱼、烧鸭、烧鹅等；含糖精、味精较多的食物；过咸食物等。

💗 维生素

这个月准妈妈同样需要补充适量的维生素，包括维生素A、维生素B、维生素C、维生素D等，其中维生素A和维生素D是此阶段所必需的营养素。

维生素A：由于这个月胎儿的视网膜已经形成，准妈妈应适量多吃一些含维生素A丰富的食物。维生素A可促进视觉细胞内感光色素的形成，对胎儿的视力发育有很大的帮助。在这一阶段准妈妈每天大概补充800微克～1200微克维生素A就可以了，不可过量。适当吃一些富含维生素A或胡萝卜素的食物，如：肝、奶、蛋黄、鱼、胡萝卜、倭瓜、杏、李子等。

维生素D：维生素D可促进小肠对钙质的吸收和利用，缺乏维生素D很容易导致缺钙。而这个时期准妈妈对钙的需求量很大，自然对维生素D的需求量也会随之增加，所以，准妈妈在补充钙的同时一定不要忘了补充维生素D。可以适当补充奶类及鱼肝油，来满足准妈妈对维生素D的需求。另外，人体皮肤经日照，也能合成维生素D，所以准妈妈应多到户外晒晒太阳。

维生素B和维生素C：维生素B能维持子宫肌肉的一定张力，使产程顺利，而维生素C可增强孕妇对疾病的抵抗力，所以都是整个孕期不可缺少的维生素。补充维生素B和维生素C，只要适量多吃一些蔬菜水果就没问题了，不需要额外用制剂。含维生素B多的食物有米、麦皮和胚芽，因此，适当吃点糙米杂粮，很有必要。含维生素C多的食物多为蔬菜水果，如西红柿、柠檬、柑橘、枣、白菜等。

不喜欢吃水果的准妈妈可以饮用鲜榨的果汁

矿物质

一般的矿物质准妈妈都可以从普通膳食中获得足够的量，但是铁、钙需要特别补充，而另一种元素——铜，也需要引起关注。

钙 进入本月之后，胎儿的骨骼和牙齿生长得特别快，是迅速钙化时期，对钙质的需求剧增，这时期，准妈妈钙摄入量需要达到每天至少1000毫克。准妈妈可以选择含钙丰富的牛奶、孕妇奶粉或酸奶来补钙。牛奶或酸奶每天可以喝1～2杯，孕妇奶粉一定要按照食用说明调制、饮用，不要贪图营养而擅自加量，以免引起上火或肥胖。

除了奶制品是每日必需的补钙食品，准妈妈还可多吃一些海产品如鱼、虾皮、虾米，豆制品如豆浆、豆粉、豆腐、腐竹。鱼可以清蒸、红烧、炖汤，制作鱼时最好配以含维生素D丰富的豆腐，对钙的吸收有促进作用。虾可以用盐水煮，也可红烧。另外，准妈妈可以购买袋装的虾皮，在做紫菜汤或其他鲜汤时加入一些，既营养又美味。

铁 孕期贫血是比较普遍的问题，一般都是缺铁性贫血，因此，准妈妈要时刻注意铁质的摄入。其次是要注意补铁和铜。含铁多的食物有肝、蛋、豆类、菠菜、茄子以及桃、梨、葡萄等水果。可见含铁的食物分布挺广的，不管是肉蛋禽还是蔬菜水果，均有一定量的铁，所以准妈妈要保证营养的均衡，饮食尽量多样化。准妈妈孕期如果在夏季，就有福了，夏季是樱桃出来的季节，缺铁的准妈妈就可以抓住这个好时机，补补铁，每百克樱桃中含铁量多达5.9毫克，居于水果首位。

铜 铜也是孕期需要关注的营养素，孕期如果缺铜，会引起贫血、骨质疏松等，严重的会导致流产、早产、胎膜早破、胎盘功能不良等。含铜较多的食物有柿子、柑橘、杏、栗子、芝麻、红糖、蘑菇、鱼虾、动物肝、豆类、小米、玉米、豌豆、绿色蔬菜等。

钠 在一般情况下，准妈妈怀孕后和怀孕前在钠的摄入量上的要求差别不是很大。过多的钠会加重妊娠中毒症的三个症状，即水肿、高血压和蛋白尿。但是如果长期低盐或者不能从食物中摄取足够的钠时，就会使人食欲缺乏、疲乏无力、精神委靡，严重时发生血压下降，甚至引起昏迷。所以，准妈妈要注意，如果在孕早期时因妊娠反应，一直选择低盐饮食，从这时候开始就得恢复正常饮食了，以免钠摄入不足。

准妈妈一日饮食方案

上个月的营养摄入情况如何？准妈妈体重的增长是否在合理范围内？是否经常有饥饿感？如果体重增加的情况和其他感觉都基本正常，准妈妈可以继续按照上个月的食谱吃。如果有问题应适当调整，加强营养。只是注意不要吃得太饱，以免消化压力增大，或体重增加过快。

早餐： 小麦血肝粥1碗+牛肉海鲜包1个+鸡蛋1个+牛奶1杯
　　小麦血肝粥做法：将适量小麦、大米洗净，浸泡30分钟。然后加水熬成粥。鸡血、鸡肝洗净，用盐水浸泡10分钟后切小粒，用醪糟拌匀，放入粥内煮熟，起锅撒盐即可。

7:00~7:30 早餐

午餐： 糙米饭+芹菜香干炒肉丝+西红柿鸡蛋汤
　　芹菜香干炒肉丝的做法：将50克瘦肉横刀切丝，用酱油、淀粉、料酒调汁拌好，放入热油锅中，炒熟后盛出，然后将50克豆腐干丝和150克芹菜段放入热油锅中炒至八成熟，加盐、酱油等炒熟，加入炒好的肉丝炒匀即可。

12:00~12:30 午餐

晚餐： 芥菜豆腐羹+香蕉煎饼+清蒸鲫鱼
　　芥菜豆腐羹的做法：锅中放入高汤，将适量豆腐丁、100克碎芥菜和50克竹笋片，放入高汤中煮熟，加盐调味，滴几滴香油、撒适量胡椒粉即可。

18:30~19:00 晚餐

9:30~10:00 加餐
麦片粥1碗+猕猴桃1个

15:00~15:30 加餐
橘子1个+饼干4块

益智餐

嫩豆腐鲫鱼羹

原料 嫩豆腐1块，鲫鱼肉200克，鸡蛋1个，玉米粒2大匙，姜、香菜各少许

调料 盐、水淀粉各适量

做法

1.嫩豆腐、鲫鱼肉洗净，切丁；鸡蛋磕入碗中，搅打成液；玉米粒洗净；香菜洗净，切小段；姜切细丝。

2.锅置火上，加水，煮沸后加入豆腐、鲫鱼肉、玉米，至熟，加盐调味，再用水淀粉勾芡，最后淋上蛋液，撒上姜丝及香菜即可。

经验分享

如果做鲫鱼炖豆腐，可用整条鲫鱼，并先将鲫鱼稍煎一下，再加水和豆腐慢炖至汤成奶白色即可。味道非常鲜美。

核桃芝麻糯米粥

原料 糯米150克，核桃适量，芝麻粉2大匙

调料 白糖适量

做法

1.糯米洗净，用清水浸泡1小时备用；核桃放入塑料袋中，敲成碎末状备用。

2.锅内放入核桃末、芝麻粉、糯米和适量水，置火上，大火煮开，后改小火煮至粥稠，加糖调味即可。

经验分享

核桃和芝麻都有健脑益智的功效，有利于胎宝宝大脑发育。但核桃、芝麻的热量皆偏高，不宜一次吃太多。

双蛋煎鱼子

原料 鱼子50克，鸡蛋3个，皮蛋1个

调料 盐、胡椒粉、植物油各适量

做法

1.鱼子煮熟捣烂；皮蛋蒸熟去壳切小块；鸡蛋打散，加入盐、胡椒粉、鱼子拌匀。

2.煎锅置火上，加油烧热，倒入蛋液，再把皮蛋块摆到鸡蛋上，用小火煎透即可。

经验分享

鸡蛋和鱼子都富含维生素A，鱼子中还含有钙、核黄素以及卵磷脂，对宝宝的脑发育有益，还能起到保护眼睛的作用。

姜汁鱼头

原料 鲢鱼头350克，鲜蘑菇100克，葱、姜各适量

调料 高汤少许，酱油、料酒各1小匙，盐、胡椒粉、鸡精各适量

做法

1.将鱼头洗净，剖成两半，投入沸水氽烫一下，捞出沥干水；鲜蘑菇洗净，切成两半；姜洗净拍破，切成片，加入少许清水浸泡出姜汁；葱白洗净切段备用。

2.将鱼头放入蒸盘中，加入鲜蘑菇、料酒、酱油、葱、姜、鸡精、胡椒粉、盐和高汤，大火蒸20分钟左右。

3.拣出葱姜，淋入姜汁即可。

 经验分享

　　这道菜可以用微波炉烹制，形色更佳。

香菇烧鲤鱼

原料 鲤鱼1条，黄豆芽100克，水发香菇50克，葱段、姜片各适量

调料 料酒、酱油各2小匙，盐、味精、植物油各少许，汤600克，水淀粉2小匙

做法

1.将鲤鱼去鳞、鳃、内脏洗净，两面划上十字花刀；香菇、黄豆芽、葱洗净备用。

2.锅置火上，放油烧热，放入鲤鱼炸至略硬捞出。

3.炒锅内留油，放入葱段、姜片爆香，烹入料酒，加入汤烧开，下入炸好的鲤鱼略烧。下入香菇、黄豆芽，加入酱油、盐、味精烧至熟透入味，用水淀粉勾芡，出锅装盘即可。

经验分享

　　鲤鱼划刀深至鱼骨。炸制时用大火，烧制时用小火。

腰果虾仁

原料 虾仁200克，腰果仁50克，鸡蛋1个，葱花、蒜片、姜片各适量

调料 料酒1大匙，醋2小匙，水淀粉2大匙，香油半小匙，盐、味精各少许，植物油适量

做法

1.将大虾洗净，剥出虾仁，挑去黑色虾线。

2.将鸡蛋磕出蛋清，打起泡沫，加盐、料酒、淀粉调和，将虾仁放入，拌一下。

3.锅中放油烧热，炸腰果，捞出，晾凉，再放入虾仁，划开，捞出控油。

4.锅中留少量油，放入葱、蒜、姜爆香，加料酒、醋、盐、味精炒匀，倒入虾仁、腰果翻炒片刻，淋香油即可。

 经验分享

　　准妈妈平时可以把腰果、核桃等作为零食，饿了吃一点儿，既饱腹，又益智，对准妈妈、宝宝都很有好处。

补钙餐

海带炖鸡

原料 母鸡1只，鲜海带200克，葱白2段，姜2片，葱花、枸杞各少许

调料 料酒、盐各1小匙，鸡精少许

做法

1. 将鸡洗净后切成小块；将海带洗净，切成菱形块。

2. 锅内加入适量清水，倒入鸡块，先用大火烧开，再用小火炖30分钟左右。

3. 加入葱白、海带、姜片、盐、料酒、枸杞，烧至鸡肉熟烂，加入鸡精调味，撒上葱花即可。

 经验分享

海带与肉食搭配，可以提高钙的吸收率，从而促进胎儿的生长发育。

虾皮紫菜汤

原料 干虾皮适量，紫菜少许，冬瓜50克，西红柿1个

调料 盐、香油各适量

做法

1. 把虾皮、紫菜用清水冲洗干净（最好在烹制前用清水泡发），并换一两次水，以清除污染物；冬瓜去皮，切成薄片；西红柿洗净，用开水烫过后，撕去外皮。

2. 锅置火上，加入一两碗清水，放入虾皮和紫菜、冬瓜、西红柿，煮沸后加入盐、香油调味即可。

 经验分享

喜欢吃腐竹的话可以加入适量腐竹，其补钙效果更佳。

虾皮豆腐汤

原料 虾皮50克，嫩豆腐200克

调料 盐适量

做法

1. 豆腐先放入开水中汆烫一下，捞出，切块备用。

2. 锅中放适量清水，大火烧沸，下入豆腐块。

3. 5分钟后放入虾皮稍煮，加盐即可。

 经验分享

虾皮和豆腐都含有丰富的钙，两者搭配，可以促进钙质吸收。

咸蛋黄炒饭

原料 米饭300克，咸蛋黄3个，青蒜、葱各1根，香菜10克，肉松20克

调料 酱油半小匙，盐少许，植物油适量

做法

1.青蒜、葱及香菜均洗净，去根、切末；咸蛋黄切丁备用。

2.锅置火上，放油烧热，放入葱末爆香，放入咸蛋黄及青蒜拌炒，加入米饭及酱油、盐炒匀，盛入盘中，撒上香菜及肉松即可。

经验分享

咸蛋黄的味道非常浓郁，最好不要再加入其他荤菜一起炒制，但可以加入些蔬菜，如茭白丁等。

排骨粥

原料 大米100克，小排骨150克，香菜50克

调料 盐、味精、胡椒粉各少许，香油2小匙，熟猪油适量

做法

1.大米淘洗干净；排骨洗净，剁成2厘米长的段，用开水汆烫一下，去掉血污，捞出控水；香菜择洗干净，切成碎末。

2.锅置火上，放水、米和排骨块，大火烧开，改用中小火熬煮1个半小时，至米烂汤稠，排骨变酥时，加盐、味精和熟猪油，搅拌均匀。

3.食用前，将粥分盛各碗中，淋香油、撒胡椒粉和香菜末，拌匀即可。

经验分享

排骨含钙丰富，具有补肾益气、健身壮力的作用，适合孕妇食用，可健体祛病。

蒜香柠檬虾

原料 大虾15只，蒜4瓣，柠檬1个

调料 料酒1大匙，盐3克，黑胡椒粉1小匙，植物油适量

做法

1.大虾去虾线、剪去须、脚，洗净，沥干水后放入干净容器中，用料酒、盐腌渍10分钟备用。

2.蒜去皮，切厚片；柠檬洗净，切下1/4个，用来挤汁。

3.炒锅加少许植物油烧热，放蒜片爆香，加入腌渍好的大虾拌炒至略变色，撒上黑胡椒粉，翻炒至虾变红，将柠檬汁淋在大虾上即可。

经验分享

挑选虾时不要选那些颜色发红、身子很软、虾头已经掉了的虾，这样的虾多已开始腐败变质，新鲜的虾背部一般呈青黑色。

营养加餐

羊肉炖萝卜

原料 羊肉300克，萝卜200克，生姜少许，香菜适量

调料 盐、胡椒粉、醋各适量

做法

1.将羊肉洗净，切成2厘米见方的块；萝卜洗净，切成3厘米见方的块；香菜洗净、切段。

2.将羊肉、生姜、盐放入锅中，加适量清水，大火烧开，改小火熬煮1小时，再放入萝卜块煮熟，加入香菜、胡椒和少许醋调味即可。

经验分享

如果嫌羊肉膻，可以在汤中加点花椒，也可以加点醋。

玻璃肉

原料 瘦猪肉200克，鸡蛋1个

调料 淀粉25克，面粉10克，香油25克，白糖100克，植物油适量

做法

1.将猪肉洗净，切条，加鸡蛋、淀粉、面粉拌匀；将肉放至热油锅内，炸到金黄色捞出。

2.锅内放入香油烧热，加入白糖，小火熬到起泡，可以拉丝时，放入炸好的肉条，迅速搅一下，即盛盘中，待稍凉，外皮光亮酥脆即可。

经验分享

可以用红糖代替白糖。这道菜营养全面，准妈妈可作为加餐食用。

鸡肉粥

原料 大米100克，鸡胸肉50克，鸡汤400毫升

调料 盐适量

做法

1.将鸡胸肉洗净，放入开水中汆烫，捞出切丁。

2.鸡丁放入锅中，加鸡汤煮熟。

3.大米淘洗干净，放入鸡肉锅中，煮成粥，加少许盐调味即可。

经验分享

这款粥做法简单，但营养丰富，很适合加餐。

甜椒牛肉丝

原料 牛肉、甜椒各200克，蒜苗15克，嫩姜丝25克

调料 酱油1大匙，甜面酱1小匙，盐、味精各少许，水淀粉1大匙，鲜汤适量

做法

1.将牛肉去筋洗净，切成0.3厘米粗的丝，加入盐、淀粉拌匀；甜椒去蒂去籽，洗净切细丝；蒜苗洗净切段。

2.把酱油、味精、鲜汤、淀粉调成芡汁。

3.锅内放油烧热，放入甜椒丝炒熟备用。

4.另起锅，放油烧热，放入牛肉丝炒散，放甜面酱炒熟，再放甜椒丝、姜丝炒出香味，烹入芡汁，加入蒜苗段炒匀即可。

 经验分享

牛肉应选用鲜嫩的里脊肉，同时炒的时间要短，用大火。

五谷皮蛋瘦肉粥

原料 小米、高粱米、糯米、紫米、糙米等五谷杂粮共100克，皮蛋1个，鸡蛋1个，猪肉50克，水发香菇和虾皮适量，葱丝适量

调料 胡椒粉、盐、植物油各适量

做法

1.将小米、高粱米、糯米、紫米、糙米等五谷杂粮洗净、煮熟；猪肉洗净，切丝；皮蛋去壳切块；鸡蛋磕入碗中，搅打成液；水发香菇洗净切丝，备用。

2.炒锅置火上，放油烧热，放入香菇、虾皮爆香，后加水煮开。放入煮好的五谷杂粮、猪肉丝和皮蛋，煮熟后倒入蛋液，加入胡椒粉、盐，撒上葱丝即可。

 经验分享

这道营养粥可作为早餐食用，有肉、菜、蛋及五粮，符合均衡早餐的原则。

老北京鸡肉卷

原料 鸡腿肉100克，黄瓜条、葱丝各适量，生菜叶1片，薄鸡蛋烙饼一张

调料 料酒、甜面酱、沙拉酱、淀粉、黑胡椒粉、辣椒粉、盐、白糖、植物油各适量

做法

1.鸡腿肉切成小块，加盐（一半）、辣椒粉、黑胡椒粉（一半）、料酒拌匀，腌渍30分钟；生菜叶择洗干净；将甜面酱、白糖（一半）加少许清水调匀。

2.炒锅放油烧热，将鸡腿肉蘸一层面糊，入锅炸成金黄色后捞出控净油。

3.在烙饼上抹上甜面酱、沙拉酱，铺上生菜叶，再放黄瓜条、葱丝，放上鸡块卷起来即可。

经验分享

烙饼的面皮要尽量薄，烙时不需要加油，可使热量更低，而且能避免饼过于油腻，烙好的饼最好立即密封，以免变干硬。此菜含有丰富的蛋白质和维生素，适合准妈妈补充营养。

补铜餐

肉末炒豌豆

原料 豌豆200克，瘦猪肉100克，葱、姜各少许

调料 酱油、料酒1各小匙，盐、鸡精、植物油各适量

做法

1.将猪肉洗净，剁成肉末备用；豌豆洗净备用；葱、姜洗净，分别切成细末备用。

2.锅置火上，放油烧热，放入葱、姜煸炒出香味后，加入肉末略炒，烹入料酒，加入酱油，翻炒均匀。

3.加入豌豆、盐、鸡精，大火炒熟即可。

这道菜可以为准妈妈补充叶酸、维生素和铜，可以促进宝宝神经系统的发育，预防畸形儿的出现。

麻酱莴苣

原料 莴苣500克，芝麻酱50克

调料 白糖、盐各1小匙

做法

1.将莴苣去皮洗净，切成0.5厘米粗的条，投入沸水中余烫一下，捞出沥干水。

2.将芝麻酱放入碗中，加适量温水，再加入盐和白糖，调匀。

3.将调好的芝麻酱淋在莴苣上拌匀即可。

芝麻含铜较丰富，而且芝麻酱的香气可以帮助准妈妈增强食欲。

茼蒿猪肝鸡蛋汤

原料 茼蒿300克，猪肝100克，鸡蛋1个

调料 盐1小匙

做法

1.茼蒿洗净备用；猪肝洗净，切薄片备用；鸡蛋打碎搅匀。

2.将锅置于火上，加适量清水，煮滚，放入茼蒿，滚熟后倒入猪肝煮熟。

3.倒入鸡蛋液，搅成蛋花，加入盐即可。

猪肝居所有含铜食物之首位，且含有铁、锌等矿物质，可预防孕妇贫血。同时，能帮助准妈妈摄入全面合理的营养素，有利于防止胎儿畸形。

补维生素餐

火腿几何饭

原料 米饭1大碗，彩椒1/4个，脆皮短火腿4根，西蓝花3朵，胡萝卜1段

调料 盐、生抽各少许，植物油适量

做法

1. 彩椒、胡萝卜切玉米粒大小的丁；火腿切片；西蓝花洗净切小块。

2. 烧热锅，倒入少许油，放入火腿和胡萝卜同炒至火腿有少许焦黄。

3. 倒入彩椒和西蓝花，同炒至西蓝花断生，撒入少许盐，再炒至蔬菜入味。

4. 重新烧热锅，倒入少许油，放入米饭，炒至粒粒松散。

5. 调入少许盐和生抽。米饭炒香后，配料回锅，一起炒匀即可。

经验分享

　　这款炒饭营养丰富，富含有蛋白质和维生素。

常见饮食与营养问答

Q 1：适合准妈妈吃的零食有哪些

红枣：红枣被称为"天然维生素丸"，富含能使人延年益寿的维生素P，名列百果之首。准妈妈可以经常食用红枣，但不可过量，否则会有损消化功能。每日食用红枣不宜超过10个。肠胃不好的准妈妈应减少食用量；患有糖尿病的准妈妈也不可多食。另外，生食红枣时，一定要洗净。

瓜子：瓜子的种类很多，如葵花子、西瓜子、南瓜子等。每种瓜子都营养丰富，且营养素的含量比例均衡，非常有利于人体的吸收和利用。因葵花子含脂肪较多，所以准妈妈不要过多食用。

板栗：板栗有补肾强筋、养胃健脾、活血止血等功效。准妈妈常吃板栗既可以健身壮骨，利于胎宝宝的健康发育，又可以消除自身的疲劳。

花生：准妈妈每天吃一点儿花生可以预防产后缺乳，花生的内衣(即红色薄皮)中含有止血成分，可防治再生障碍性贫血。但花生脂肪含量较多，食用要适量，不可过多。花生受潮后易霉变，能致癌，应将其放在干燥处保存，霉变后一定不要再食用。

其他：如水果、酸奶、煮熟的鸡蛋、高纤饼干等，准妈妈也可适量吃一些。

Q 2：准妈妈补充营养易走进哪些误区

误区一：多吃菜，少吃饭。不同的食物提供不同的营养，饮食单一是孕期应该禁忌的。米饭、面等主食是准妈妈能量的主要来源，一个孕中、晚期的准妈妈一天应摄入400克～500克的米面及其制品才能达到营养要求。

误区二：补钙就要多喝骨头汤。其实，喝骨头汤补钙的效果并不理想。因为骨头中的钙并不容易溶解在汤中，也不容易被人体的肠胃吸收，补钙不成，反而容易因为骨头汤过于油腻，而引起不适。

误区三：一人餐两人份。怀孕的准妈妈进食量加倍，不等于胎宝宝在准妈妈的肚子里就可以吸收加倍的营养，这加倍的营养，很可能最后都变成了准妈妈自己身上的肥肉。保证胎宝宝的营养足够，关键在于准妈妈对食物的科学性选择，而不是靠盲目多吃来达到。

误区四：有营养的东西摄入越多越好。太多的营养摄入会加重消化负担，并存积过多的脂肪，以致体重超标。体重超标会限制准妈妈的运动，致使抗病能力下降，严重时还容易导致肥胖和冠心病的发生，并造成分娩困难。

误区五：盲目购买营养保健品。准妈妈在决定购买营养品前，最好先咨询一下有经验的产科医生。许多营养品的吸收效果并不比普通食物更好，如鲜牛奶的补钙功效未必就比直接补充钙剂差，而且有些营养品甚至根本不适合怀孕的准妈妈食用，所以购买营养品一定要谨慎。

怀孕期间，肚子的大小跟营养的关系不是太大，而是跟准妈妈本人的体形以及子宫的位置有关，而每位准妈妈的高矮胖瘦不尽相同，子宫前倾后倾也不一样，所以同样妊娠月份的肚子大小不一样是很正常的。因此，准妈妈不要总跟别人比较，更不要因为自己肚子没别人大，就拼命进食，以免导致营养过剩，引发肥胖。

肚子的大小是否正常，医生会作出判断，准妈妈只要定时做孕检即可。在孕检中，医生可以根据子宫的高度、腹围、腹部检查来评估。如果医生检查后，认为准妈妈的"肚子"小，还会建议准妈妈进行B超检查，进一步评估胎儿的生长发育是否正常，所以准妈妈不要为此过于担心。

可以为准妈妈提供一个可以参照的标准，准妈妈可以自测。

孕月	标准	腹围下限	腹围上限	孕月	标准	腹围下限	腹围上限
5	82	76	89	8	89	84	95
6	85	80	91	9	92	86	98
7	87	82	94	10	94	89	100

注：取立位，以肚脐为准，水平绕腹一周，测得数值即为腹围

吃肉的量需有限制，因为肉类摄入过多，其他水果和蔬菜的摄入自然就会减少，而研究表明，妊娠期间若进食肉类过多而蔬菜水果较少，宝宝发生唇裂或腭裂的风险将会增加。一般每天吃肉在100克～150克即可。

尽量选择新鲜肉类食用。首选冷却肉，其次是热鲜肉和冷冻肉，而尽量远离火腿肠、罐头等食品，这些食品中都含有一定量的添加剂，长期累积，会对胎宝宝的发育造成一定影响，也会影响准妈妈的身体健康。

生鲜肉要在4℃的温度下保藏，并用保鲜膜包裹。如需长期放置，最好冷冻保藏，以确保肉的质量。一旦发现肉变质，要立即处理掉，以免误食或污染其他食物。

不要吃生的、半熟的或者未完全熟透的肉或家禽，因为这些肉里可能含有沙门氏菌和弓形虫，一旦感染，有可能导致宝宝畸形。另外，生肉和熟肉要分开放，以免交

又污染。而切肉所用的案板、刀具等一定要清洗干净存放。

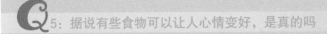

Q5: 据说有些食物可以让人心情变好，是真的吗

确实有一些食物因为含有某些特殊物质，可以使人觉得快乐舒适。例如：

豆类食物：大豆中富含有人脑所需的优质蛋白质和8种必需氨基酸，这些物质都有助于增强脑血管的机能。身体运行畅通了，准妈妈心情自然就舒畅。

香蕉：香蕉可向大脑提供重要的物质酪氨酸，使人精力充沛、注意力集中，并能提高人的创造能力。此外，香蕉中还含有可使神经"坚强"的色氨酸，还能形成一种叫做"满足激素"的血清素，它能使人感受到幸福、开朗。

菠菜：菠菜含有丰富的叶酸，而人体如果缺乏叶酸会导致精神疾病，包括抑郁症和老年痴呆等。可见菠菜中所含的叶酸能缓解情绪，使人变得乐观。

全麦面包：全麦面包含有一种矿物质——硒，能提高情绪，抗抑郁。与此类似的复合性的碳水化合物，如苏打饼干，也具有这样的功效。

樱桃：长期面对电脑的准妈妈容易有头痛、肌肉酸痛等毛病，因此很容易出现烦躁、易怒、倦怠等不良情绪，吃樱桃可以改善这种状况。

Q6: 怀孕后可以吃火锅吗

准妈妈偶尔吃火锅是可以的，但要注意吃火锅的方式，以及火锅的安全卫生。孕期吃火锅主要要注意下面几个注意事项：

1.火锅远勿强伸手：如果火锅的位置距准妈妈太远，不要勉强伸手夹食物，以免加重腰背压力，导致腰背疲倦及酸痛，最好请家人或朋友代劳。

2.加双筷子免沾菌：妈妈应尽量避免用同一双筷子取生食物和熟食，这样容易将生食上沾染的细菌带进肚子里，从而造成腹泻及其他疾病。

3.自家火锅最卫生：妈妈喜爱吃火锅，最好自己在家准备，材料由自己安排，食物卫生就可以保证，汤底可以购买现成品调制，味道不逊于酒楼。

4.先后顺序很重要：涮火锅的顺序很有讲究，最好吃前先喝小半杯新鲜果汁，接着吃蔬菜，然后是肉。这样，既可以减少胃肠负担，又可以合理利用食物的营养，达到健康饮食的目的。

另外要切记，无论在酒楼或在家吃火锅时，任何食物一定要煮至熟透，才可进食，特别是肉类食物，如牛肉、羊肉等，这些肉片中都可能含有弓形虫的幼虫。幼虫可通过胎盘感染到胎宝宝，严重的会发生小头、大头（脑积水）、无脑儿等畸形。

RART7 孕6月，
加强钙、铁的摄入

胎儿的生长发育与母体变化

准妈妈身体变化

这个月准妈妈的体重会比孕前增加4.5千克～9.0千克。准妈妈的腹部会明显凸出，越来越有孕妇的"风度"了。子宫底高度会增加至20厘米～24厘米，由于子宫高度已超出肚脐之上，所以有时会压迫到膀胱，导致准妈妈发生尿频现象。还有的准妈妈在本月可能会开始出现下肢水肿。下午和晚上水肿会加重，早上起床的时候有所减轻。预防的办法是，不长时间站立或行走，休息或睡觉时把脚垫高，上班时搬个小凳子垫脚，这样有利于下肢静脉血液回流，避免水肿。

这一时期，准妈妈如果注意自己的乳房，会发现乳晕和乳头的颜色加深了，而且乳房越来越大，这很正常，是在为哺育你的宝宝作准备。

胎儿21周

胎儿已经21周了，这时他的体重不断增加。这个小家伙现在看上去变得滑溜溜的，他的身上覆盖了一层白色的、滑腻的物质，这是胎脂。它可以保护胎儿的皮肤，以免在羊水的长期浸泡下受到损害。不少宝宝在出生时身上都还残留着这些白色的胎脂。

胎儿22周

此时胎儿大概已经有25厘米～35厘米高了，重量在600克～800克，身体各个部位的比例也变得匀称了。胎儿的五官已经发育成熟了，面目很清晰，通过B超，可以清楚地看到胎儿的眉毛和睫毛。

另外，现在胎宝宝已经能听到准妈妈的声音。准妈妈为他讲故事、唱歌、播放音乐或者跟他聊天，他都能听得见，有时还会作出回应。

专家叮咛

从现在开始准妈妈要护理乳房

现在，准妈妈应注意乳头和乳房的保养。乳房增大后，乳腺也发达起来，如果忽略乳房保养，乳房组织就会松弛，乳腺管的发育也会异常，这有可能导致生产后母乳缺乏。而适时地按摩乳房、乳头，可使乳头坚韧、挺起，利于将来宝宝吸吮。按摩的方法是从乳房四周向中心打圈。另外，还要选用合适的胸衣。如果乳头扁平、凹陷，还要开始使用乳头纠正工具进行矫治。

胎儿23周

23周的胎儿看起来已经很像一个缩小的婴儿了。但由于皮下脂肪尚未产生，他的皮肤是红红的，而且皱巴巴的，像个小老头。皮肤的褶是为了给皮下脂肪的生长留有余地。

在宝宝体内，肺中的血管形成，呼吸系统正在快速建立；肾脏已能够制造尿液，一种深绿或黑色的黏物质组成了宝宝的第一块"脏尿布"。

避免噪音污染

宝宝能听到准妈妈的声音，自然也能听到一些大的噪音，比如吸尘器发出的声音、开得很大的音响声、邻居家装修时的电钻声。这些声音都会使胎儿躁动不安，准妈妈应避免停留在这些噪音较大的环境中。

胎儿24周

24周的胎儿大约已有820克重，30厘米长。除了听力有所发展外，呼吸系统也正在发育。另外，尽管他还在不断吞咽羊水，但是通常并不会排出大便。排大便是等到他出生以后才开始的。

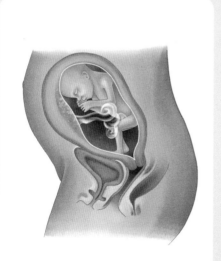

24周大的胎宝宝

妈妈可与胎宝宝做游戏

进入本月之后，胎动次数会有所增加，并更加明显，有时胎动幅度较大，准妈妈的肚子会被顶起一个小鼓包，这时准妈妈可以试试和腹中的宝宝做做游戏，一边跟宝宝说话，一边用手摸摸小鼓包，或轻轻推一下，看他有什么反应。经常这样做，胎宝宝会发现这是一个很有趣的游戏，会和准妈妈玩得很起劲。

营养需求变化

蛋白质、热量、脂肪

蛋白质：世界卫生组织建议，准妈妈在孕中期，每日增加优质蛋白质9克，相当于牛奶300毫升或鸡蛋2个或瘦肉50克。如果以植物性食品为主，则每日应增加蛋白质15克，相当于干黄豆40克或豆腐200克或豆腐干75克或主食200克。

在准妈妈的膳食安排中，动物性蛋白质，即各种肉类应占全部蛋白质的一半，另一半为植物性蛋白质，包括大豆蛋白质和米、面中的蛋白质。所以，除了作为主食的面粉、米外，肉类、鱼类、蛋类、奶类等副食品也很重要，需要合理摄入，因为这些食品才是蛋白质的主要来源。

热量：除了应该增加蛋白质的摄入外，准妈妈在孕中期对热量的需求也有所增加，一般建议，此时的准妈妈摄入的能量应比妊娠早期增加200克。而且多数准妈妈到中期妊娠时工作安排较轻松，家务劳动或其他活动也有所减少，能量的增加也不宜过多。最好是因人而异，并随着准妈妈的体重增长情况进行调整。体重的增加一般控制在每周0.3千克～0.5千克之间即可。

脂肪：脂质是脑结构的重要原料，如果脂肪摄入不足，会导致必需脂肪酸缺乏，从而推迟脑细胞的分裂增殖。所以，准妈妈必须摄入一定量的脂肪，以利于宝宝大脑发育。植物油所含的必需脂肪酸比动物脂肪要丰富。建议准妈妈每日所食用的植物油以25克左右为宜，而总脂肪量为50克～60克。动物脂肪来源于猪油、肥肉等，二者比较，肥肉更有价值。植物脂肪来源于豆油、菜油、花生油及核桃、芝麻等。

💗 维生素

现在，准妈妈对B族维生素的需求量增加，而且B族维生素无法在体内存储，必须有充足的供给才能满足肌体的需要。下面是孕期需要补充的B族维生素：

维生素 名称	作　用	摄入不足 造成的后果	推荐 摄入量	主要食物 来源
维生素B_1	参与碳水化合物代谢，维持胃肠道的正常蠕动和消化腺的分泌，促进胎儿生长发育	易引起多发性神经炎和脚气病。轻者食欲差、乏力、膝反射消失，严重者可有抽筋、昏迷、心力衰竭	1.5毫克/天	谷类、豆类、干果、酵母、硬壳果类、动物内脏、蛋类及绿叶菜
维生素B_2	被称为是"成长的维生素"，能维持神经和心脏活动	易导致胎儿营养供应不足，生长发育迟缓。新生儿出生后易发生舌炎和口角炎	1.7毫克/天	肝脏、心、肾脏、奶、奶酪、蛋黄、鱼类罐头等
维生素B_3	帮助代谢脂肪，促进消化系统的健康，减轻肠胃障碍；对减轻腹泻、治疗口腔炎症和口臭有效；还可帮助铁的吸收	会引发头痛、呕吐、腹泻和皮炎	13毫克~19毫克/天	肝脏、酵母、蛋黄、豆类、深绿色蔬菜及水果
维生素B_6	是氨基酸和脂肪代谢所必不可少的元素	易导致胎儿体重不足、生长发育迟缓、智力低下等	2.2微克/天	绿色蔬菜、小麦麸、麦芽、肝、大豆、甘蓝、糙米、蛋、燕麦、花生、核桃等
维生素B_{12}	可消除疲劳、恐惧、气馁等不良情绪；能防治口腔炎等疾患	引起贫血	2.6毫克/天	牛奶、肉类、鸡蛋、动物脏器、鱼、蟹类、蛋类、干酪等

B族维生素之间有协同作用

一次摄取多种B族维生素，要比分别摄取效果更好。B族维生素含量丰富、且种类齐全的食物有小白菜、菠菜、空心菜、韭菜、香椿、蕨菜等绿叶蔬菜。

🔷 矿物质

这个月重点需要补充的营养素仍然是钙和铁。

钙：从上个月开始，胎宝宝的骨骼生长进入了快速期，对钙的需求量保持旺盛，因此准妈妈要注意持续补钙。准妈妈需保证钙的摄取量至少达到每天1000毫克，补充钙质应以食补为主。可以多吃豆制品。一般来讲摄取100克左右豆制品，就可摄取到100毫克的钙。牛奶也是不错的补钙食品，且容易吸收，准妈妈可以每天喝250毫升～500毫升牛奶。

如果准妈妈喜欢吃奶酪，也可选择食用奶酪来补钙。奶酪是牛奶经浓缩、发酵制成的奶制品，浓缩了相当于10倍牛奶的蛋白质、钙和磷，而且经过独特的发酵工艺，使其营养的吸收率达到96%。可以说，奶酪是孕期最好的补钙食品之一。不过准妈妈要注意，补钙前后1小时不要吃水果，因为果酸易与钙结合，不利于吸收。

铁：补钙的同时还需补铁。不少准妈妈可能会在近期出现贫血的现象，这是由于胎宝宝生长和准妈妈自身血容量增加导致的缺铁性贫血。所以准妈妈要注意摄入充足的铁，来防止妊娠期贫血的发生。建议准妈妈多吃富含铁质的食物，如瘦肉、鸡蛋、动物肝、鱼等和含铁较多的蔬菜及强化铁质的谷类食品。还应注意多吃一些含维生素C较多的食品，以帮助身体吸收更多的铁质。

最后要提醒准妈妈的是，每天至少喝6杯开水。有水肿的准妈妈白天要喝够量，晚上则尽量少喝水，以防水肿加重。多喝水可以保证排尿畅通、预防尿路感染。

准妈妈每天喝水不要少于6杯

准妈妈一日饮食方案

在这一时期很多准妈妈会发现自己异常能吃，很多以前不喜欢的食品现在反倒成了最爱，因此，准妈妈可以好好利用这段时间调整自己的饮食习惯，加强营养，增强体质，为将来分娩和产后哺乳做准备。

早餐：三鲜水饺+酸奶+玉米

三鲜水饺的做法：将猪肉、水发海参、虾肉、水发木耳剁碎，加入香油、酱油、料酒、盐、鸡精、葱末、姜末等调成肉馅，包饺子煮食即可。水饺做好可以冷冻保存在冰箱里，随吃随煮，很方便。

7:00～7:30 早餐

午餐：米饭+什锦熘豆腐+咖喱牛肉土豆+蘑菇炖鸡汤

咖喱牛肉土豆的做法：将适量牛肉洗净，横断面切成细丝，再用淀粉、酱油、料酒调成的汁浸泡；土豆洗净，去皮，切成细丝。锅置火上，放油烧热，放入葱、姜爆香，再放入牛肉丝翻炒几下后放入土豆丝，加入酱油、盐、咖喱粉，用大火炒熟即可。

12:00～12:30 午餐

晚餐：菠菜猪血汤+红薯窝窝头

红薯窝窝头的做法：红薯、胡萝卜各适量洗净后蒸熟，取出晾凉后剥皮，挤压成细泥。然后加藕粉和白糖拌匀，并切小团，揉成小窝头。放蒸锅中大火蒸约10分钟后取出即可。

18:30～19:00 晚餐

9:30～10:00 加餐
牛奶1杯+蛋黄派1个

15:00～15:30 加餐
苹果1个+全麦面包3片

21:00 加餐
牛奶1杯+饼干2块

补 铁餐

花生炖牛肉

原料 瘦牛肉300克，花生米100克，葱白1段，姜3片

调料 料酒1大匙，盐适量，鸡精少许

做法

1.将花生米用开水泡3分钟左右，剥去皮洗净；将牛肉洗净，切成3厘米见方的块，投入沸水中汆烫一下，捞出来沥干水。

2.将牛肉放入砂锅内，加葱段、姜片，加清水没过牛肉，大火烧开，撇去浮沫，加入料酒、花生米，改用小火炖至牛肉酥烂。

3.拣出葱、姜，加盐、鸡精调味即可。

 经验分享

牛肉汆烫时可在沸水里加两片生姜，起到去腥的作用。

小葱炒猪血

原料 猪血300克，小葱段100克，姜丝适量

调料 料酒、盐、植物油各适量

做法

1.将猪血洗净，切成2厘米见方的方块，放入开水锅中汆烫一下，捞出控水。

2.锅置火上，放油烧至七成热，放入姜丝、猪血和料酒翻炒，然后放入小葱段翻炒至稍稍变软，出锅前放入适量的盐调味即可。

 经验分享

烧菜时用大火，炒的时间不要久，因为猪血容易炒老，影响口感。

猪肝炒油菜

原料 油菜200克，猪肝100克，葱花、姜末各适量

调料 酱油1大匙，盐、料酒、植物油各适量

做法

1.将猪肝切成薄片，用酱油、葱花、姜末、料酒腌制片刻；油菜洗净切成段，梗、叶分开；起锅热油，放入猪肝快炒后盛出备用。

2.另起锅热油，先炒菜梗，随后下油菜叶，炒至半熟；放入猪肝，加适量酱油、料酒、盐用旺火快炒至熟即可。

 经验分享

两种材料搭配，含丰富的维生素、钙、磷、铁等多种营养素，还有蛋白质、脂肪等，营养丰富，对妊娠缺铁性贫血、妊娠肝虚水肿有显著疗效。

莲子百合煨瘦肉

原料 猪瘦肉250克，莲子50克，百合50克，葱白、生姜各适量

调料 料酒、盐、味精各适量

做法

1.莲子洗净去莲心；百合洗净切成片。

2.猪瘦肉洗净，切块，放入沸水锅中氽烫过。

3.将莲子、百合、猪瘦肉块一起放入砂锅中，加适量清水，放入生姜、葱白，大火烧沸，撇去浮沫，加料酒、盐，小火煨1小时左右，加味精，起锅装碗即可。

经验分享

水最好一次放足，不要在中间添水；味精是用来提鲜的，少放点儿即可，放多了反而会影响菜的原味。

菠菜枸杞粥

原料 菠菜100克，枸杞15克，粟米100克

调料 盐、香油各少许

做法

1.将菠菜洗净，放入开水锅中略微氽烫，捞出，切小段；粟米、枸杞淘洗干净。

2.将粟米、枸杞放入砂锅，加适量清水，大火煮沸后，改用小火煨煮1小时。

3.待粟米酥烂，放入菠菜，搅拌均匀，加入盐调味，淋入香油，搅拌均匀即可。

经验分享

这道粥有滋养肝肾、补血健脾的功效，对贫血患者尤为适宜。

补钙餐

黄瓜木耳炒猪肝

原料 猪肝150克，黄瓜1根，木耳3朵，葱、姜、蒜末各少许

调料 淀粉2大匙，料酒、酱油各半大匙，盐、白糖、高汤、植物油各适量

做法

1.猪肝洗净切片，用淀粉、少许盐拌匀；黄瓜洗净切片；木耳泡发后洗净撕成小朵。

2.锅内放油烧热，放入猪肝，用筷子轻轻搅散，待八成熟时，倒入漏勺中沥净油。

3.另起锅热油，放入葱、姜、蒜末和黄瓜、木耳炒几下，加入猪肝、料酒、酱油、盐、白糖、高汤，用水淀粉勾芡炒匀即可。

经验分享

猪肝含丰富的维生素D，可促进钙的吸收。

奶酪鸡蛋汤

原料 奶酪20克，鸡蛋1个，精面粉适量，西芹末、西红柿末各20克，骨汤1大碗

调料 盐、胡椒粉各适量

做法

1.将奶酪与鸡蛋一道打散，加些精面粉。

2.骨汤烧开，加盐、胡椒粉调味，淋入调好的蛋液；最后撒上西芹末、西红柿末做点缀。

经验分享

这是一款西式蛋汤，由于加入了奶酪而使钙质含量变得丰富，同时口味也更浓郁了，非常适合准妈妈食用。

奶汁烩生菜

原料 生菜250克，西蓝花100克，牛奶2杯

调料 清汤、盐、淀粉、味精、植物油各适量

做法

1.将生菜洗净，撕小片；西蓝花洗净，切小块。

2.锅置火上，放油烧热，倒入生菜和西蓝花翻炒，加盐、清汤等调味，盛盘，西蓝花摆在中央。

3.煮牛奶，加一些清汤，用盐、淀粉及味精调味，熬成稠汁，浇在菜上。

经验分享

与一般的蔬菜制作方法相比，奶汁烩菜可有效地提高菜肴的钙含量，其淡淡的奶香也更能迎合准妈妈的胃口。

鸡丝金针菇芦笋汤

原料 芦笋罐头1罐，鸡胸肉200克，金针菇50克，嫩豆苗100克

调料 盐、水淀粉各适量

做法

1.鸡胸肉切成丝状，用盐、水淀粉拌腌20分钟；芦笋沥干，切成长段；金针菇去根洗净沥干；豆苗洗净。

2.鸡胸肉先用开水烫熟，肉丝散开捞起沥干。

3.将肉丝、芦笋、金针菇一同放入锅中，加入适量清水，大火烧沸后，加入盐、豆苗，再滚时即可起锅。

 经验分享

这道菜对胎宝宝骨骼、神经、血管、大脑的发育都有很大的好处。

鲜贝蒸豆腐

原料 老豆腐300克，鲜贝100克，油菜心50克，姜3片

调料 豆瓣酱1大匙，盐1小匙，香油、植物油各适量，白糖少许

做法

1.将鲜贝剖开，取出贝肉洗净，切成小块；豆腐切成2厘米见方的块，投入沸水中氽烫一下，捞出沥干水。

2.将油菜心洗净，投入沸水中，加少许盐、植物油，氽烫至熟；姜去皮洗净，切丝。

3.将豆腐放入盘中，撒上贝肉、姜丝，加入豆瓣酱、盐、白糖，上笼用大火蒸5分钟。然后将油菜心摆在豆腐旁，淋入香油即可。

 经验分享

此菜不仅味道鲜美，且有清热生津、解毒、补中宽肠的作用，准妈妈吃了可有效预防水肿。

奶油双珍

原料 菜花200克，西蓝花200克，小米20克，胡萝卜50克，小麦面粉15克，牛奶20克

调料 盐、胡椒粉、植物油各适量

做法

1.小米煮熟，取出沥干水分；菜花、西蓝花洗净，切小朵，放入开水氽烫1分钟，冲凉沥干；胡萝卜洗净，切粒。

2.锅置火上，放油烧热，放入菜花及西蓝花翻炒，排于碟上。

3.锅置火上，放1大匙油，加入面粉，用小火炒至微黄色，慢慢加入牛奶，拌至均匀，加入少许盐、胡椒粉、小米、胡萝卜粒拌匀。最后淋在菜花和西蓝花上即可。

 经验分享

这道菜味道鲜美，营养丰富，可为准妈妈补充钙质和各种维生素。

润肠通便餐

银芽鸡丝

原料 芹菜、胡萝卜各50克，鸡胸肉、绿豆芽各200克

调料 盐、白糖、香油各适量，黑胡椒粉少许

做法

1.鸡胸肉洗净，放入锅中加半锅冷水煮开，焖10分钟，捞出投凉，撕成细丝。

2.芹菜洗净，切成3厘米小段；绿豆芽洗净，去根部，与芹菜一起余烫，捞出投凉。

3.胡萝卜去皮、切细丝，加一半盐腌至微软，以清水冲净，加入烫好的鸡丝和芹菜、绿豆芽搅匀，加入剩余的盐、糖、香油、黑胡椒粉拌匀即可。

经验分享

绿豆芽将头尾去掉，就叫银芽，银牙炒的时候不会丢失水分，口感较脆。

蒜蓉空心菜

原料 空心菜400克，大蒜3瓣，葱、姜各适量

调料 盐半小匙，鸡精少许，植物油适量

做法

1.将空心菜择洗干净，切成6厘米~9厘米长的段，也可以不切；葱、姜洗净，切末；大蒜去皮、切末。

2.锅置火上，放油烧热，放入葱末、姜末、蒜末，略炒出香味，放入空心菜，大火翻炒，随即加入盐、鸡精调味即可。

经验分享

炒空心菜一定要用大火急炒，盐不宜放太多。

柿子椒炒玉米粒

原料 嫩玉米粒300克，红、绿柿子椒各50克

调料 盐、白糖、味精、植物油各适量

做法

1.将玉米粒洗净；红、绿柿子椒去蒂去籽洗净，切成小丁。

2.锅置火上，放油烧热，放入玉米粒，加适量盐，炒两三分钟，加清水少许，再炒三分钟，放入柿子椒丁翻炒片刻，再加白糖、味精翻炒即可。

经验分享

可以加入胡萝卜丁、松仁、豌豆等做成松仁玉米，营养更全面。

香蕉菠菜粥

原料 香蕉2根，菠菜100克，粳米80克

做法
1.将菠菜择洗干净，入沸水锅中汆烫，捞出过凉，挤去水分，切碎。

2.香蕉去皮，切碎；粳米淘洗干净。

3.将粳米放入锅中，加入适量清水，煮粥，至八成熟时加入菠菜、香蕉，再煮至粥熟即可。

 经验分享

香蕉有润肠通便的作用。建议晚餐食用，还可起到安神、镇静作用，预防失眠。

肉末胡萝卜炒毛豆仁

原料 猪肉末、毛豆仁各100克，胡萝卜200克

调料 酱油1小匙，淀粉半小匙，黑胡椒粉、盐、香油各少许，植物油适量

做法
1.毛豆仁洗净，放入沸水中汆烫，捞出、泡冷水，沥干；胡萝卜去皮、切1厘米小丁，放入沸水中汆烫，捞出。

2.猪肉末放入碗中加酱油、淀粉、黑胡椒粉抓匀。

3.锅置火上，放油烧热，放猪肉末用大火炒匀，加入1小匙水将肉炒散，再加入胡萝卜丁、毛豆仁一起翻炒数下，加入盐、香油调匀即可。

 经验分享

毛豆仁可提供胎儿成长所需的优质蛋白质，并且含有的膳食纤维可有效防治便秘。

山药蔬菜饼

原料 面粉250克，山药150克，圆白菜30克，金针菇40克，胡萝卜30克，豌豆苗40克，鸡蛋2个

调料 奶油2小匙，盐少许

做法
1.将圆白菜、金针菇、胡萝卜、豌豆苗洗净，切丝；鸡蛋打散；山药去皮，入蒸锅蒸软，压成泥状备用。

2.面粉过筛，先加水搅拌，再加入山药泥拌匀后盖上湿布，在室温下静置1~2小时。

3.平底锅置火上，加热，放奶油，倒入山药泥面糊成四方饼状，其上撒蔬菜丝及盐，淋鸡蛋液；待底部凝固后翻面，用小火煎至两面呈金黄色即可。

 经验分享

山药切片后需立即浸泡在盐水中，以防止氧化发黑。

失眠调理餐

熘苹果鱼片

原料 黑鱼1条，苹果1个，胡萝卜1根，鸡蛋1个，姜1片

调料 料酒1大匙，盐、植物油各适量

做法

1.黑鱼洗净去皮，取净肉切薄片，加料酒腌渍20分钟，洗净沥干水。

2.苹果洗净去核切薄片；胡萝卜洗净切薄片；姜洗净切末。

3.鸡蛋磕破，取出蛋清打散，加入盐、姜末拌匀，倒入鱼片上浆，腌渍10分钟至入味，放入热油锅中滑熟，盛出控净油。

4.锅内留少许油烧热，加胡萝卜片炒熟，放入苹果片炒匀，调入盐，翻炒片刻，放入炒好的鱼片，拌匀即可。

经验分享

因脾虚、血气不足导致的头晕、失眠等，可用此汤作食疗改善。

百麦安神饮

原料 小麦、百合各25克，莲子肉、首乌藤各15克，大枣2个，甘草6克

做法

1.将小麦、百合、莲子、首乌藤、大枣、甘草分别洗净，用冷水浸泡半小时，倒入净锅内，加水750毫升，用大火烧开后，小火煮30分钟。

2.滤汁，存入暖瓶内，再按同样方法炖一次药渣，也把药汁滤入暖瓶内，随时饮用。

经验分享

枣不宜与虾皮、葱、鳝鱼、海鲜、动物肝脏、黄瓜、萝卜等同食。

柏子仁炖猪心

原料 柏子仁15克，猪心1个，葱花少许

调料 料酒、盐各适量

做法

1.将猪心洗干净，切成厚片。

2.将猪心同柏子仁放入有适量清水的锅中，加放料酒、盐，在小火上炖至猪心软烂后，加入葱花即可。

经验分享

可用当归代替柏子仁，再加几颗红枣，可起到养血安神的作用。

补 B族维生素餐

老妈酱茄子

原料 茄子400克，里脊肉50克，青椒1个，红椒半个，香菜1棵，蒜4瓣

调料 豆瓣酱2汤匙，蚝油、食用油、植物油各适量

做法

1.茄子用手掰成块，锅里坐油烧至微微冒烟，茄子放入锅内。炸至茄子表面微焦呈金黄色后捞出控油。

2.里脊肉切丝后用蚝油和食用油拌匀腌20分钟。青椒、红椒、香菜和蒜分别切成末。

3.锅里留少许底油，放入豆瓣酱，中小火炒香。再放入茄子，翻炒后加入半杯水，煮开后转中火煮至水分收干。

炒木樨肉

原料 猪肉250克，鸡蛋2个，木耳25克，黄花菜25克，油菜150克，葱花适量

调料 酱油、糖、盐各适量，水淀粉2小匙

做法

1.猪肉洗净切成细丝，用水淀粉、酱油拌匀；鸡蛋磕入碗中，搅打成液；木耳泡发洗净撕小块；黄花菜、油菜择洗干净。

2.锅内放油烧热，放入肉丝炒熟。另起锅热油，倒入鸡蛋液，加少许水炒熟备用。

3.锅内放油烧热，放入木耳、黄花菜炒片刻，加酱油、糖、油菜和炒好的肉、蛋，再加水少许和盐，煮沸5分钟，加葱花，用水淀粉勾薄芡，搅匀即可。

 经验分享

木樨肉食材的选择可依个人喜好来定，如将黄花菜换成土豆丝等。

4.将茄子盛出装盘，锅留少许底油，放入肉丝炒熟。

5.将肉丝盛出放在茄子上，再将青、红椒末、香菜末和蒜末摆在茄子上。

 经验分享

茄子一定不要用刀切，用手掰是最好的。

里脊肉可以换成鸡胸肉。

常见饮食与营养问答

Q1: 准妈妈补钙需要注意哪些问题

有的准妈妈缺钙，一直在补，却还是缺钙，是怎么回事呢？这主要是吸收的问题。因此，准妈妈补钙要注意下面几个问题，以提高其吸收量。

1.多吃一些虾皮、腐竹、黄豆以及绿叶蔬菜等含钙量丰富的食物，并且保证每天2杯牛奶的摄入量。

2.体内磷与钙的比例适当，更利于钙的吸收。如果磷摄入不足，尽管补充了足够的钙，钙的吸收和沉积也不会明显增加。所以补钙的同时还要注意补充磷。海产品中磷的含量十分丰富，如海带、虾、鱼类等，蛋黄、动物肝脏等也含有丰富的磷。

3.准妈妈平时要多晒太阳，以得到足量的维生素D，促进钙吸收。最好选择在上午或午后晒太阳，要避开正午的阳光，以免晒伤皮肤。

4.补钙最佳时间是睡觉前、两餐之间。注意不是马上要睡觉了才补钙，最好是距离睡觉有一段时间，比如晚饭后休息半小时补充。血钙浓度在后半夜和早晨最低，因而晚饭后最适合补钙，能最大限度地提高其吸收率。

5.可乐饮料、酒等饮品中含植物酸、草酸和鞣酸，可与钙离子结合成不溶性的钙盐，影响钙的吸收。准妈妈要少食用。很多绿色蔬菜，如菠菜，也含有这些酸，在食用时，最好能先用开水氽烫，以尽量减少其草酸和植酸的含量。

Q2: 怎样防治准妈妈患缺铁性贫血

缺铁性贫血不仅危害到准妈妈自身的健康，还可导致死胎、早产、分娩低体重儿的后果，或者影响胎宝宝脑细胞的发育，使胎宝宝以后学习能力低下。另外，由于胎宝宝先天铁储备不足，出生后很快就会发生营养性贫血。

要防治孕期缺铁性贫血，可参考以下建议：

1.平时注意有选择性地补充富含铁质的食物，如猪肾、猪肝、猪血、牛肾、羊肾、鸡肝、虾、鸡肫、黄豆、银耳、黑木耳、淡菜、海带、海蜇、芹菜、荠菜等。

2.维生素A对铁的吸收及利用有一定帮助，肝脏中既含有丰富的铁和维生素A，每周吃一次动物肝脏对预防贫血很有好处。

3.对于中度以上的贫血，除改善营养外，还需要在医生指导下口服铁剂治疗，如硫酸亚铁、葡萄糖酸亚铁、富马酸亚铁及维血冲剂等。

Q3：睡眠不佳的准妈妈该吃些什么

由于孕期身体负担加重，内分泌变化，也使得很多准妈妈睡眠发生困难，可以多吃些有助于睡眠的食物，如牛奶、小米、葵花子等。

1.睡前喝一杯牛奶。牛奶是公认的催眠食品。如果在牛奶中加些糖，其"催眠"效果就更明显。所以睡前喝一杯加糖的牛奶，可以帮助准妈妈更快入睡，睡得更熟。

2.小米具有安神催眠的作用。将小米熬成稍稠的粥，睡前半小时适量进食，有助于睡眠。

3.葵花子有催眠作用。睡前嗑些葵花子，可促进消化液分泌，有利消食化滞、镇静安神、促进睡眠。同类食品还有蜂蜜、莲子、桂圆、核桃、红枣、豆类、百合、食醋等，经常在睡前食用可改善睡眠。

4.多吃含铜食物。矿物质铜和人体神经系统的正常活动有密切关系。当人体缺少铜时，会使神经系统的抑制过程失调，致使内分泌系统处于兴奋状态，从而导致失眠。含铜较多的食物有乌贼、鱿鱼、蛤蜊、蚶子、虾、蟹、动物肝肾、蚕豆、豌豆和玉米等。

Q4：睡前有什么饮食禁忌

1.临睡前不要吃过多食物。准妈妈的肠胃功能在孕期已经有所下降，临睡前进食过多会加重肠胃负担，引发烧心、消化不良等症状。建议准妈妈晚上早一点儿吃饭，吃得简单、清淡些，让自己睡前有两三个小时的时间来消化晚饭。如果吃夜宵，也要选择易消化的食物。

2.不要空腹睡眠。虽然不提倡睡前吃过多食物，但也不能空腹睡眠。建议准妈妈吃些清淡的零食，比如饼干，不要让自己的胃空着。

3.睡前不要吃刺激性的食物，像辣椒之类的辛辣食物或西红柿之类的酸性食物，不管怎么做，都可能引起烧心和消化不良。

4.睡前不宜多喝水（白天需保证饮水量），以免因为饮水而导致频繁起夜，打扰睡眠。

多吃些有助于睡眠的食物，提高睡眠质量

Q5：水肿应该如何进行饮食调理

妊娠水肿属于正常反应，通过饮食上的适当调节，可以起到很好的缓解作用。有水肿症状的准妈妈应注意以下几点。

1.进食足够量的蛋白质。每天一定要保证食入畜、禽、肉、鱼、虾、蛋、奶等动物类食物及豆类食物。这类食物含有丰富的优质蛋白质。贫血的准妈妈每周还要注意进食2~3次动物肝脏以补充铁。以此避免营养不足引起水肿。

2.进食足量的蔬菜水果。蔬菜和水果具有解毒利尿等作用，能缓解水肿，而且含有人体必需的多种维生素和微量元素，有助于提高机体抵抗力，加强新陈代谢。

3.不要吃过咸的食物。水肿时要吃清淡的食物，不要吃过咸的食物，尤其是咸菜，以防止水肿加重。所以，准妈妈食盐的量一定要控制。

4.控制水分的摄入。水肿较严重的孕妇应适当控制水分的摄入。

5.少吃或不吃难消化和易胀气的食物，如油炸的糯米糕、白薯、洋葱、土豆等，以免引起腹胀，使血液回流不畅，加重水肿。

6.建议准妈妈出现水肿时多吃一些具有利尿消肿作用的食物，如芦笋、洋葱、大蒜、南瓜、冬瓜、菠萝、葡萄、绿色豆子等。

Q6：长胖了很多，要不要控制饮食

随着生活水平的日益提高，很多准妈妈怀孕以后都会大量补充营养，体重在不知不觉中日益攀升。同时，在传统观念的影响下，长辈们总觉得准妈妈就是要胖，这样胎宝宝才能获取充足的营养，这使得准妈妈不太关注体重，从而很容易导致孕期肥胖。实际上，肥胖对准妈妈来说有害无益。准妈妈过于肥胖不仅可导致分娩巨大儿，而且在孕期易并发妊娠糖尿病、妊娠中毒症，剖宫产、产后出血等概率也会增多，从而危及母婴安全。

所以，准妈妈如果发现怀孕后长胖了许多，已经高出了标准，那么从这个时候开始就要注意调整日常饮食，防止过度肥胖。

调整饮食并不是说要准妈妈节食。准妈妈可采取少食多餐的方法进食，并控制糖类食物和脂肪含量高的食物，避免吃油炸、煎、熏的食物，多吃蒸、炖、烩、烧的食物，少食面制品、甜食、淀粉高的食物，多吃脂肪相对较低的鸡、鱼、虾、蛋、奶等。另外还要多吃蔬菜、水果。而且因主食和脂肪进食量减少，往往饥饿感较严重，多吃一些蔬菜、水果，还可增加饱腹感，但是要注意水果要选择含糖分少的。另外，零食也可以选择含糖量少的水果，而减少饼干、糖果、瓜子仁、油炸土豆片等热量比较高的食物。

RART8 孕7月，
用饮食调理孕期身体不适

胎儿的生长发育与母体变化

准妈妈身体变化

这个月，准妈妈的子宫已经发展到足球般大小了，体重也在迅速增加，每周可增加0.5千克左右。一般情况下，这时候准妈妈的体重大概会比孕前增加7千克~10千克左右。而子宫的顶部也已经上升到了肚脐以上6.25厘米的地方。肚脐上部也膨隆起来，有的时候只要身体稍失去平衡，就会感到腰酸背痛。同时，由于腹部迅速增大，准妈妈会感到很容易疲劳，脚肿、腿肿、痔疮、静脉曲张等也可能会一一光临。

此外，这时准妈妈的腹部和乳房上的妊娠纹会越来越明显，颜色也会更暗红，好像皮肤要被撑裂了似的。不过不用担心，这些妊娠纹会在产后逐渐变淡。

胎儿25周

胎儿在迅速长胖，他看起来已经没有那么皱巴巴了。随着体内骨头的逐渐骨化，宝宝将变得越来越强壮！而且他的身体在准妈妈的子宫中已经占据了相当多的空间，开始充满整个子宫。

宝宝舌头上的味蕾正在形成，已经可以品尝到食品的味道了。所以，刚出生的宝宝是可以分辨味道的，千万不要小看他。

胎儿26周

此时胎儿的体重在1000克左右，身长约为32厘米。胎儿已开始出现皮下脂肪，全身覆盖着一层细细的绒毛。他还会继续吞咽羊水努力完善自己的肺功能。如果是个男宝宝，他的睾丸则开始进入阴囊了。

胎儿的眼睛已能够睁开了。如果用手电筒照射准妈妈的腹部，胎儿就会自动把头转向手电筒所在的位置，这说明胎儿视觉神经的功能已经在起作用了。昼夜黑白的变化宝宝也能感觉得到了。

别忘定期去医院体检

这期间是孕期糖尿病、贫血、高血压等高发期，准妈妈应该关注相关的检测指标并根据医生建议进行防治。还有的准妈妈会感到眼睛不适、怕光、发干、发涩，这是比较典型的孕期反应，可以寻求医生开些消除眼部疲劳、保持眼睛湿润的保健眼药水，以缓解不适。

胎儿27周

27周的胎儿，胎头上已经长出了短短的胎发，其模样与刚出生的婴儿已经很相似了，只不过更瘦更小。调皮的宝宝已经会将自己的大拇指放到嘴里吸吮了。

在感官上，宝宝的眼睛已经能睁开和闭合了，听觉神经系统也已发育完全，同时对外界声音刺激的反应也更为明显。准妈妈可以继续为他讲故事或者给他听音乐，这会让准妈妈和胎儿都感到平静和愉快。

准妈妈应适量多吃健脑食品

胎儿大脑发育进入了一个高峰期，大脑细胞迅速增殖分化，体积增大。为了宝宝的聪明才智，建议准妈妈多吃些健脑的食品如核桃、芝麻、花生等。

胎儿28周

这个时候的胎儿大脑发育非常迅速，眼睛也能睁开和闭上，而且已形成了自己的睡眠周期。醒着的时候，他会自己嬉戏、踢踢脚、伸伸腰等。

虽然此时胎儿的肺、肝以及免疫系统还不完善，仍需要进一步发展成熟，但是假如这时出生，即早产，宝宝仍有很大机会存活。但是，准妈妈一旦出现早产迹象，如出现至少10分钟1次的子宫收缩，每次持续30秒，历1小时以上，就应及时去医院就诊。

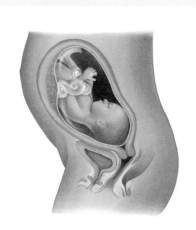

28周大的胎宝宝

记录胎动，做抚摸胎教

这时胎宝宝活动已经比较明显，从现在开始应该每天做胎动记录，监测胎动情况。同时可以坚持和他"做游戏"，抚摸腹部。动作有摸、摇、搓或轻轻拍等，一天3~4次，当能摸出胎头、背部及四肢时，可分别进行轻轻拍摸。如果宝宝已习惯了这种游戏的话，在准妈妈抚摸或回应他的动作时，他会有明显反应。

营养需求变化

蛋白质、碳水化合物、"脑黄金"

蛋白质：这个月，准妈妈对蛋白质的需求量同上个月的情况一样，为每天75克～95克。蛋白质在肉、鱼、奶酪、蛋、豆类中含量最高，在谷物类如米、小麦、大麦和玉米中含量也较丰富。

从现在开始到分娩，准妈妈应该增加谷物和豆类的摄入量，尤其是豆类，它含有均衡的蛋白质、脂肪、维生素A、B族维生素、维生素D、维生素E以及铁和其他矿物质，是孕期极好的营养来源。另外，全麦面包及其他全麦食品、豆类食品、粗粮等，准妈妈都可以多吃一些。一般准妈妈平均每天进食主食（谷类）400克～450克即可满足需要。但若准妈妈现在体重增加较快的话，可以用玉米、土豆、白薯、山药、南瓜、板栗、莲藕代替米面作为主食。若体重增长较慢，则可以多吃一些米、面、巧克力、甜点及肉类等食物。这样粗细搭配调换着吃，可以达到控制热量摄入的目的。

脑黄金：准妈妈这个月需重点补充的营养素是"脑黄金"。

由于此时胎儿的大脑细胞发育速度比孕早期明显加快，所以需要摄入一些对大脑发育有益的食物。含有DHA、EPA和脑磷脂、卵磷脂等物质的食物，对大脑发育就很有益，因为这些物质被合起来叫作"脑黄金"。这些物质含量丰富的食物有核桃、松子、葵花子、杏仁、榛子、花生等坚果类食品，此外还包括海鱼、鱼油等，适当多摄入可以保证胎儿大脑和视网膜正常的发育。

维生素、矿物质

维生素：维生素是人体所有细胞在执行正常功能中所必需的物质。维生素与其他营养素、酶等一起，在人体每个系统乃至每个细胞中发挥作用，保证人体的一切代谢正常，处于最佳状态。因此，准妈妈必须保证每天都能合理摄入维生素。而且，由于子宫压迫骨盆的深部，易使准妈妈患便秘和长痔疮，多吃含维生素丰富的水果和蔬菜，可防治便秘。

芹菜、油菜、莴笋等茎叶类蔬菜中含丰富的维生素和矿物质，准妈妈可以多吃一些。其中，芹菜气味芳香、口感清脆，含有丰富的铁，具有补血、降血压、降血糖的作用，特别适合这个时期的准妈妈食用。最简单的加工方法是择洗干净后，用开水氽烫一下，调味凉拌。

铁和B族维生素：准妈妈要多吃一些含铁、B族维生素和叶酸丰富的食物，如肝、水果、青菜，可帮助防治准妈妈发生贫血和宝宝出生后缺铁性贫血。如果准妈妈出现了小腿抽筋等毛病，说明缺钙了，需要加强补充。还有，此时胎儿的皮肤与生殖器官发育处于重要阶段，需要较多的维生素E，可以多食大豆、牛奶、猪排骨汤、胡萝卜、玉米等。

从这个月起，准妈妈不用再大吃大喝，保持营养均衡是最关键的。膳食结构要多样化，食物要色、香、味俱全，食品的选择应能满足准妈妈营养需要，并要照顾饮食习惯，还要易于消化吸收。准妈妈要养成良好的饮食习惯，不偏食，在保持蛋白质及热量摄入充足的情况下，适当增加一些副食的种类和数量，如含维生素丰富的蔬果，含矿物质丰富的坚果等。

准妈妈一日饮食方案

这个月要继续关注自己的体重增加情况，如果体重增加较快，应减少高热量的饮食。并尽量低盐、高钙、高铁，以预防妊娠高血压和贫血。还有为了预防便秘，要继续多吃一些含纤维素和维生素B丰富的食物。如全麦面包及其他全麦食品、豆类食品、粗粮等。

早餐：西红柿咖喱炒饭+牛奶+果汁

西红柿咖喱炒饭的做法：锅内放入1大匙油烧热，爆香葱末，倒入蛋液炒熟盛出。另起锅热油，放香菇丁、洋葱丁、西蓝花、胡萝卜片炒熟，加入咖喱粉1小匙、盐和白胡椒粉拌炒，再加白饭炒匀，放入西红柿丁拌炒一下，最后加炒好的鸡蛋炒匀即可。

7:00~7:30 早餐

午餐：米饭+清蒸冬瓜熟鸡+赤豆鲤鱼汤

清蒸冬瓜熟鸡的做法：将炖熟的白鸡肉去皮，切成菱形块，把鸡肉皮朝下，整齐地码入盘内，加鸡汤、酱油、盐、味精、料酒、葱段、姜片，上笼蒸透，取出，拣出葱、姜，把汤汁倒入碗内待用。冬瓜洗净切块，余烫后捞出码在鸡块上，然后跟鸡块一起扣入汤盆内。将待用的汤汁入锅内烧开，撇去浮沫，浇在汤盆内即可。

12:00~12:30 午餐

晚餐：米饭+多味冬瓜+猪骨萝卜汤

多味冬瓜的做法：将切好的冬瓜丁、冬菇丁、冬笋丁、火腿丁余烫一下，捞出沥干。油锅烧热，爆香葱花、姜末，加入高汤、盐、味精、白胡椒粉、料酒煮开。加各种余烫好的小丁和干贝丝烧开，最后用水淀粉勾芡，淋入香油即可。

18:30~19:00 晚餐

9:30~10:00 加餐

豆浆1杯+鸡蛋1个

15:00~15:30 加餐

水果沙拉1份+豆奶饼1块

21:00 加餐

牛奶1杯+饼干2块

利水消肿餐

眉豆煲猪脬汤

原料 猪膀胱1个，眉豆、红枣各适量
调料 盐适量
做法
1.将猪膀胱放入滚水中煮5分钟，捞起，刮洗干净。
2.洗净眉豆、红枣，红枣去核。
3.将适量清水煮开，放入全部材料煮开，调小火煮至眉豆熟烂，放入盐调味即可。

经验分享

猪膀胱要用生粉或者面粉，加粗盐揉搓后，再以少许酒和醋浸渍清洗，才不会留下异味。那层黏黏的东西要全部去掉才好。

红豆麦片粥

原料 赤小豆30克，麦片30克
调料 糖1小匙
做法
1.将赤小豆洗净，用清水浸泡两小时。
2.将赤小豆和浸泡的水一齐倒入锅中，与麦片一起煮成粥，最后放入糖即可。

经验分享

此粥可做早餐，还可加入其他自己喜欢吃的食材。

红烧冬瓜

原料 冬瓜400克，姜1片，葱2根
调料 甜面酱1大匙，酱油1大匙，水淀粉1大匙，高汤1碗，白糖、盐各适量
做法
1.冬瓜去皮、去瓤，洗净，切成小长方块；葱、姜洗净，切成末。
2.锅置火上，放油烧热，放入葱末、姜末、甜面酱，爆至出香，再放入冬瓜、酱油、白糖、适量高汤，烧开后转小火。
3.至冬瓜块熟烂，勾芡，拌匀即可。

经验分享

冬瓜中含有丰富的营养成分，钠盐和钾盐的含量都比较低，具有利水消肿、清热解毒的独特功效。

木耳银芽炒肉丝

（原料）豆芽、水发木耳、瘦肉各100克，水
发腐竹50克，姜1片

（调料）生抽、水淀粉各1大匙，香油1小匙，
盐、鸡精、植物油各适量

（做法）

1.将水发木耳择洗干净，切成细丝；豆
芽择洗干净，放入沸水锅中汆烫一下捞出；
姜洗净切末；水发腐竹切成斜丝；肉洗净，
切丝，用生抽和淀粉抓匀。

2.锅置火上，放油烧热，放入姜末爆
香，倒入肉丝炒散，再放入豆芽和木耳丝煸
炒，加少量水，放入盐、鸡精和腐竹，用小
火慢烧3分钟，转大火收汁，然后用水淀粉
勾芡，淋入香油即可。

经验分享

此道菜可以帮助准妈妈补气养血，利
水消肿，同时还具有美容养颜的功效。

莲子猪肚汤

（原料）猪肚300克，莲子100克，姜2片，葱
花适量

（调料）料酒1大匙，盐、鸡精各适量

（做法）

1.猪肚洗净，入开水锅中汆烫至熟，切
成两指宽的小段。

2.将猪肚、莲子、姜片放入锅中，加入
清水，用大火烧沸后，加入料酒，改小火继
续焖煮约1小时。

3.猪肚焖熟煲烂后，加入盐、鸡精，撒
上葱花即可出锅。

经验分享

准妈妈若在孕中、晚期常喝猪肚
汤，宝宝出生后的皮肤会又白又光滑。
这是有经验的老人的心得，准妈妈可以
试试。

赤豆鲤鱼

（原料）鲤鱼1条，赤小豆100克，陈皮、花
椒、草果各7克，葱、姜各适量

（调料）胡椒粉、盐、鸡汤各适量

（做法）

1.将鲤鱼收拾干净；赤小豆、陈皮、花
椒、草果洗净，塞入鱼腹。

2.将鱼放入砂锅中，加葱、姜、胡椒
粉、盐，倒入鸡汤，煲1个半小时左右，鱼
熟后撒上葱花即可。

经验分享

鲤鱼被中医认为是健脾利水及减肥
的上品，有益气健脾、利水化湿、消脂
之功效。赤小豆也是中药里利水之物。
两者相配，共行健胃醒脾、化湿利水之
作用，水肿严重的准妈妈可以常吃。

益智补脑餐

花生米拌香干

原料 香干 250克，炸花生仁 100克

调料 酱油、味精、香油各适量

做法

1. 豆腐干切成1厘米见方的丁，放入开水锅里汆烫一下，取出沥干水分；炸花生米去红衣，拍成碎粒。

2. 豆腐干丁、花生米、味精、酱油、香油全部放入碗中拌匀即可。

花生不宜与黄瓜、螃蟹同食，否则易导致腹泻；花生也不可与香瓜同食。

香辣虾

原料 鲜虾500克，葱段、姜片各适量

调料 香辣酱少许，花椒、干辣椒酌量

做法

1. 鲜虾挑去泥肠，洗净备用。

2. 锅内放油烧热（如果喜欢将虾皮炸得脆脆的，可多放一点油），放入花椒、干辣椒、葱、姜炒香，放入鲜虾继续翻炒至虾皮酥脆。

3. 放入香辣酱，继续炒至入味即可。

这道菜虽然香辣解馋，但是不能频繁食用。经常吃这么刺激的口味，对准妈妈身体不好。建议多尝试清淡点儿的做法。

黄豆海带鱼头汤

原料 鱼头1个，水发海带50克，泡发的黄豆适量，枸杞少许，葱1根，姜1小块

调料 高汤、盐各适量，胡椒粉、料酒各少许

做法

1. 海带洗净切丝；鱼头去鳃洗净；葱洗净切段；生姜洗净去皮切片；枸杞洗净。

2. 锅中放油烧热，放入鱼头，中火煎至表面稍黄，盛出放入瓦煲中。

3. 将海带丝、黄豆、枸杞、生姜、葱放入瓦煲，加入高汤、料酒、胡椒粉，加盖，小火煲50分钟。

4. 去掉汤中的葱段，调入盐，再煲10分钟即可。

鱼头眼窝中和鱼油中的DHA含量最高，准妈妈吃鱼为宝宝补脑时，可以多吃这两个部分。

清蒸黄花鱼

原料 黄花鱼1条，生姜、葱段各适量

调料 蒸鱼豉油、植物油各适量

做法

1.将姜洗净切片，鱼收拾干净放盘子上，姜片铺在鱼上；蒸鱼豉油倒在小碗里。

2.将鱼盘和豉油碗都放在锅里用大火蒸约10分钟，至鱼熟。

3.鱼蒸好后把姜片拣去，鱼盘里的腥水倒掉；然后将葱段铺在鱼上，蒸鱼豉油倒到鱼上。

4.将锅烧热，倒入1勺油烧到七成热，把烧热的油浇到鱼上即可。

经验分享

黄花鱼非常适合女性食用，尤其对孕期和产后身体虚弱的女性有良好的补益作用。

西红柿卷心菜牛肉

原料 牛肉250克，西红柿、卷心菜各150克

调料 料酒、盐、味精、猪油各适量

做法

1.西红柿洗净，切成方块；卷心菜择洗干净，切成薄片；牛肉洗净，切成薄片。

2.锅置火上，放入牛肉，加清水至没过牛肉，大火烧开，将浮沫撇去。

3.放入猪油、料酒，烧至牛肉快熟时，再将西红柿、卷心菜倒入锅中，炖至菜熟，加入盐、味精，再略炖片刻，即可食用。

经验分享

如果没有西红柿可用西红柿酱代替，味道同样很好。

降糖降压餐

银鱼苋菜羹

原料 苋菜300克，银鱼100克，大蒜1瓣，姜1片

调料 盐、胡椒粉、植物油各适量

做法

1. 将银鱼洗净，沥干水；苋菜洗净，切成3厘米长的小段；大蒜去皮洗净，剁成蒜末；姜洗净，去皮切末。

2. 锅内放油烧热，放入蒜末爆香，加入银鱼、姜末炒几下，加入苋菜炒至微软，加1碗清水，大火煮5分钟，加盐、胡椒粉拌匀即可。

 经验分享

如先将苋菜煮软再加银鱼，不要煮太久，以防苋菜太烂。

糖醋银鱼豆芽

原料 黄豆芽300克，鲜豌豆、胡萝卜丝各50克，银鱼20克，葱适量

调料 醋1大匙，白糖、盐各1小匙，鸡精少许，植物油适量

做法

1. 银鱼洗净，氽烫后捞出沥干；豌豆煮熟，投凉后沥干；黄豆芽洗净。

2. 将白糖、醋、盐、鸡精兑成调味汁。

3. 锅内放油烧热，放入葱花爆香，倒入黄豆芽、银鱼及胡萝卜丝略炒，加入煮熟的豌豆，翻炒几下，倒入调味汁略炒即可。

 经验分享

这道菜可以补充丰富的钙和维生素A，能预防妊娠高血压综合征。

芦笋炒银耳

原料 芦笋200克，银耳15克，香菇5朵，葱2段，姜2片

调料 盐3克，鸡精少许，植物油适量

做法

1. 芦笋洗净，切段；银耳洗净，用温水泡发，撕小片；香菇去蒂，洗净，用温水泡软，控净水；葱洗净，切丝；姜切丝。

2. 锅内放入适量植物油烧热，下葱丝、姜丝爆香，倒入芦笋、银耳、香菇，翻炒到快熟，放盐、鸡精调味，继续炒熟即可。

 经验分享

芦笋含有很丰富的微量元素，有良好的防治高血压的作用。

牛肉苦瓜汤

原料 牛柳肉100克，苦瓜1根

调料 酱油、香油、料酒、淀粉、盐各适量，白糖半小匙

做法

1.将淀粉、酱油、白糖、料酒、香油同放一个碗里兑成腌汁。

2.牛肉切薄片，加入腌汁拌匀，腌约10分钟；苦瓜切稍厚的片。

3.锅中加约1000克水，烧沸后下苦瓜片用中火煮软熟。

4.在汤里放盐调好味，下入牛肉片稍煮片刻后搅散。烧沸后，继续煮1分钟至牛肉熟即可。

 经验分享

汤煮好下盐时要先试味，因为牛肉用酱油和盐腌过，已带咸味。

凉瓜酸菜瘦肉汤

原料 瘦猪肉60克，凉瓜150克，咸酸菜梗60克，葱花适量

调料 味精、香油各适量

做法

1.将凉瓜洗净，去瓜核，切小块；咸酸菜梗洗净，切段；瘦猪肉洗净，切块。

2.把凉瓜、瘦肉放进锅内，加清水适量，大火煮沸后，调小火煮1小时，放咸酸菜梗，再煮20分钟，最后放入味精和香油，撒上葱花调味即可。

 经验分享

因酸菜本身就有咸味，所以做此汤时可不加盐，其他的调料依个人喜好添加即可。

奶油玉米笋

原料 玉米笋400克，鲜牛奶80克

调料 面粉、水淀粉各1大匙；白糖2小匙，盐半小匙，鸡精、奶油各适量

做法

1.将玉米笋洗净，在每个玉米笋上横竖交叉划成花状，投入沸水中略微氽烫，捞出沥干水分。

2.锅内加入少量植物油烧热，放入面粉，用小火炒散（炒开即可，不能等到面粉变色）。

3.加入鲜牛奶、白糖、盐、鸡精及玉米笋，用小火焖至入味。用水淀粉勾芡，淋入奶油即可。

 经验分享

这道菜含有丰富的膳食纤维和大量镁，能促进机体废物的排泄。同时还有利尿、降脂、降压、降糖作用。

补钙补铁餐

奶酪烤鸡翅

原料 黄油50克，奶酪50克，鸡翅6个

调料 盐适量

做法

1.将鸡翅洗净，在沸水中余烫一下，捞出沥干，用盐腌制2小时。

2.锅内放黄油烧至融化，放入鸡翅，用小火将鸡翅正反两面煎至色泽金黄，然后将奶酪擦成碎末，均匀撒在鸡翅上。

3.待奶酪完全变软，并进入到完全熟烂的鸡翅中，关火装盘即可。

鸡翅最好剁小块，或从中间切开一个缝，这样比较容易入味。

蟹肉烧豆腐

原料 老豆腐150克，蟹肉100克，葱花、姜丝各少许

调料 酱油2小匙，料酒半小匙，水淀粉、植物油各适量，盐少许

做法

1.将蟹肉洗净，上笼蒸熟，凉凉。

2.豆腐切小块，余烫后捞出沥干水。

3.锅内放油烧热，放入葱花、姜丝爆香，倒入豆腐炒熟，加入蟹肉、料酒、酱油、盐快炒几下，用水淀粉勾芡，烧开即可。

这道菜含钙丰富，能帮助准妈妈预防缺钙引起的腿抽筋。

鳝鱼金针菇汤

原料 鳝鱼250克，金针菇15克

调料 盐少许，植物油适量

做法

1.将鳝鱼去内脏，洗净切段；金针菇清洗干净。

2.将鳝鱼入热油锅内稍煸，放入金针菇，加入适量清水，用大火煮沸后，改小火煮熟。

3.加入少许盐调味即可。

这道菜富含优质蛋白质、钙、磷、铁，有利于胎儿骨骼生长发育，也有利于防治孕期准妈妈的贫血，很适宜孕中期准妈妈常食。

香菇火腿蒸鳕鱼

原料 香菇3朵，火腿3片，鳕鱼1块，葱丝、姜丝、蒜片各适量

调料 蒸鱼豉油1大勺，白糖1小勺，料酒、白胡椒粉各少许

做法

1.将鳕鱼洗净，放入蒸盘，用纸巾吸干表面水分；香菇热水泡发后切成丝，火腿也切成条。

2.将火腿丝撒在鳕鱼上，然后分别将葱丝、姜丝和蒜片铺在鳕鱼上。

3.把切好的香菇丝铺在最上面并撒上少许的白胡椒粉和白糖。

4.在鳕鱼上倒入蒸鱼豉油和料酒，放入蒸锅内大火蒸10分钟即可。

经验分享

鳕鱼是深海鱼，营养价值较高，且没有受过污染，比较适合准妈妈食用。

紫菜炒鸡蛋

原料 干紫菜40克，鸡蛋2个

调料 盐1小匙，植物油适量

做法

1.将紫菜放入水中泡透，撕成丝，沥干水分。

2.将鸡蛋磕入碗中打散，加入紫菜、盐，搅匀。

3.锅置火上，放油烧热，倒入鸡蛋液，改用小火先将两面煎熟即可。

经验分享

紫菜富含钙、碘、铁和锌等矿物质，可以帮助准妈妈补充钙和预防缺铁性贫血。同时紫菜还是理想的优质蛋白质来源，可以与其他高蛋白食品媲美，准妈妈在最后的3个孕月里，应尽量多食用紫菜、海带等海产品，既可补充营养，又不会增加体重。

豆腐山药猪血汤

原料 猪血、豆腐各200克，鲜山药100克，姜、葱各少许

调料 香油少许，盐、鸡精各适量

做法

1.将猪血和豆腐切块；山药去皮，洗净切片；姜洗净切末；葱洗净后切成葱花。

2.锅置火上，加入水、山药、姜末和盐，待水开后5分钟再加入豆腐和猪血，续煮20分钟。

3.加入葱花、鸡精、香油，再煮3分钟即可。

经验分享

孕中期的准妈妈常喝此汤，既可健脾补肾，又可益气养血。

补维生素餐

茄汁菜花

原料 菜花300克，西红柿1个

调料 番茄沙司1汤匙，小葱2棵，蒜4瓣，盐少许，食用油、植物油各适量

做法

1.西红柿去皮后切成小块。菜花洗净后掰成小块。葱、蒜切末。

2.锅里加足量的清水烧开，水里滴几滴食用油，将菜花放入。

3.水烧开后将菜花捞出控净水。重新起锅，倒油，放入葱、蒜和番茄沙司，中火炒出香味。

4.放入菜花和西红柿，中火翻炒至西红柿出汤，如果西红柿出的汤比较少，可以往锅里添半碗水。

5.转大火煮至汤汁变浓，加盐调味即可。

 **经验分享**

如果没有番茄沙司，也可以用番茄酱，但需要加适量的白糖来中和番茄酱的酸味。

常见饮食与营养问答

1：如何防止生出巨大儿

避免生出巨大儿的关键是孕后期控制体重。建议准妈妈进入孕后期，不要让每周的体重增长超过500克。要控制好自己的体重，可以参考以下的专家指导意见：

1.准妈妈每天需要100克左右的蛋白质。因此，每天吃1～2只鸡蛋、喝2杯牛奶，以及50克～100克肉类就已经可以获得足够的蛋白质。千万不要一天吃十几个鸡蛋来补充营养。

2.主食不要过量，并搭配深绿色蔬菜食用，吃一些鲜玉米、白薯、土豆、山药、芋头等增加饱腹感的同时，还能为自己补充膳食纤维、胡萝卜素、维生素C、钙、铁等营养素。

3.可以吃一些苹果、香蕉之类的水果，但以不超过500克为宜；因为水果中的含糖量很高，吃得太多容易摄入过多的热量，使人发胖。

4.少食高盐、高糖、刺激性食物以及含糖高的水果，如香蕉、石榴等不要多吃。

5.烹饪应按少煎、炸，多蒸、煮的原则，并可将一天的总量分成5～6顿进食。

6. 适当参加运动，也可以做一些强度不大的家务活儿，消耗多余的脂肪。

7.密切关注胎宝宝的生长发育进程，如果觉得胎宝宝增长过快，应该及早去医院做一次糖耐量的检测和营养咨询。问题确实存在时，要遵医嘱调整饮食，以避免隐性糖尿病的发生。

2：容易水肿是因为吃盐太多吗

吃盐太多不是引起孕期水肿的唯一原因。孕期容易发生水肿的原因很多：子宫压迫下腔静脉，使静脉血液回流受阻；胎盘分泌的激素及肾上腺分泌的醛固酮增多，造成体内钠和水分潴留；体内水分积存，尿量相应减少；母体有较重的贫血，血浆蛋白低，水分从血管内渗出到周围的组织间隙等，都会导致准妈妈水肿。

但吃盐太多肯定会加重准妈妈水肿的症状。这是因为食盐中的钠离子是亲水性的，摄入过多就会使体内的水大量潴留，从而导致或加重水肿。所以，容易发生水肿的准妈妈，一定要注意控制每日的食盐摄入量。孕中、晚期每日的食盐量控制在5克（相当于装满一啤酒瓶盖的量）以内即可。

如果准妈妈觉得低盐食物让人没有食欲，可以用些不含盐的调味品来增加口味，比如西红柿汁、柠檬汁、醋、无盐芥末等。

Q3：患妊娠糖尿病的准妈妈该怎么吃

准妈妈如果患了妊娠糖尿病，需要密切关注，并与医生保持良好的沟通，另外，要注意调整饮食。

1.少量多餐。一次进食大量食物会造成血糖快速上升，如果准妈妈此时正好空腹很久了，体内产生了大量酮体，就很容易发生酮血症，为了维持血糖值平稳，餐次的分配非常重要，最好少量多餐。而且糖尿病准妈妈可能会有"加速饥饿状态"，也就是说每顿吃不多，但是容易饿的情况，所以更强调少量多餐，每天吃4~6顿比较好。

2.注重蛋白质摄取。如果在孕前已摄取足够营养，则妊娠初期不需增加蛋白质摄取量，妊娠中期、后期每天增加蛋白质的量分别达到6克、12克即可。另外，最好每天喝至少两杯牛奶，以获得足够钙质，但千万不可以牛奶当水喝，以免血糖过高。

3.烹调用油以植物油为主，减少油炸、油煎、油酥食物，及动物皮、肥肉等。

4.在可摄取的分量范围内，多摄取高膳食纤维食物，如：以糙米或五谷米饭取代白米饭、增加蔬菜的摄取量，不喝果汁，吃新鲜水果等，如此可延缓血糖的升高，帮助控制血糖，也比较有饱足感。但千万不可无限量地吃水果，水果毕竟含糖量较高。

Q4：患妊娠糖尿病的准妈妈如何配餐

下面是患妊娠糖尿病的准妈妈2例一日食谱，可以参照食用。

例1

早餐	豆腐脑250克、杂粮馒头50克、煮鸡蛋一个50克
上午加餐	苏打饼干25克
午餐	盐水河虾100克、木耳炒白菜190克、虾皮冬瓜汤100克、荞麦面条100克
下午加餐	黄瓜汁150克
晚餐	青椒肉丝130克、丝瓜鸡蛋汤100克、芹菜拌海米110克、二米饭（大米和小米）100克
夜宵	牛奶220克

例2

早餐	牛奶220克、蒸鸡蛋羹50克、杂粮馒头50克
上午加餐	咸切片面包
午餐	炒苋菜150克、冬瓜肉片汤125克、莴笋炒肉片125克、二米饭100克
下午加餐	黄瓜150克
晚餐	红烧豆腐50克、清蒸鱼100克、蔬菜水饺200克
夜宵	西红柿150克

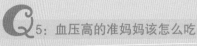

Q5：血压高的准妈妈该怎么吃

高血压的准妈妈在饮食上应注意以下几点：

1.限盐（主要是限制钠的摄入量）。食盐中的钠具有潴留水分、加重水肿、收缩血管、升高血压的作用，所以不宜过食。每日的食盐量应控制在3克～5克（包括食盐和高盐食物，如咸肉、咸菜等）。另外，小苏打、发酵粉、味精、酱油等也含有钠，要适当限制食用。

2.限水。轻度患者可以自己掌握，尽量减少水分的摄入。中度患者每天饮水量不超过1200毫升，重度患者可按头一天尿量加上500毫升水计算饮水量。

3.补充维生素C和维生素E，抑制血中脂质过氧化的作用，降低妊高征的反应。

4.注意补充钙、硒、锌。钙能使血压稳定或有所下降；硒可降低妊高征的发病率；锌能够增强妊高征患者身体的免疫力。

5.重度妊高征患者因尿中蛋白丢失过多，常有低蛋白血症。应及时摄入优质蛋白，如牛奶、鸡蛋等，保证胎儿的正常发育。每日补充的蛋白质量最高可达100克。

6.多吃芹菜、鱼肉、鸭肉等利于降压的食物。

Q6：如何从饮食上预防早产

为预防早产，准妈妈要远离会令胎儿不安的食物，多吃有安胎作用的食物。

1.忌用茴香、花椒、胡椒、桂皮、辣椒、大蒜等辛热性调味料，准妈妈内热，会令胎动不安，容易早产。还有杏仁，乃大热食物，有滑胎作用，是准妈妈的大忌。

2.少食山楂，山楂可加速子宫收缩，并导致早产，在孕中、晚期最好"敬而远之"。

3.忌食黑木耳，因为木耳具有活血化瘀之功，不利于胚胎的稳固和生长。

4.忌食滑腻之品，如薏苡仁、马齿苋。薏苡仁对子宫肌有兴奋作用，能促使子宫收缩，因而有诱发早产的可能。马齿苋性寒凉而滑腻，对子宫有明显的兴奋作用，易造成早产。

5.避免摄入过多维生素A，摄取太多的维生素A会导致早产和胎儿发育不健全。

Q7：准妈妈挑食，将来宝宝也会挑食吗

据研究调查发现，准妈妈的饮食习惯确实会影响到宝宝出生后的饮食习惯。如果准妈妈在孕期胃口不好、偏食、挑食，或吃饭过程常被干扰，甚至有一餐没一餐的，那么，宝宝出生后就会经常表现出没有胃口、不喜欢吃东西、常吐奶、消化吸收不良，较大些，甚至出现明显偏食的现象等。所以，如果准妈妈希望日后宝宝能有良好的饮食习惯，不用自己太费心，那么从现在起，自己就要养成良好的饮食习惯。

RART9 孕8月，
少食多餐以缓解胃灼热

胎儿的生长发育与母体变化

准妈妈身体变化

这个月，准妈妈的体重会比孕前增加7千克~12千克。子宫向前挺得更为明显，子宫底上升到了胸与脐之间，高度约为25厘米~30厘米，所以此时的准妈妈无论是站立还是走路，都要挺胸昂头了。另外，子宫的不断上升，顶到了横膈膜，所以准妈妈可能会感到呼吸困难，喘不上气来。

同时，由于激素变化的原因，准妈妈的消化系统运作会变慢，尤其是胃部，所以吃饭后往往容易感觉不适。而且，便秘、背部不适、腿肿及呼吸的状况可能会更严重。

胎儿29周

到这个月，胎宝宝越来越有"小人儿"的模样了，头发、手指、脚趾、眼睫毛样样俱全，听力也越来越敏锐，对外界的刺激有了更明显的反应。宝宝的体重也在飞速增长，大脑、肺和肌肉也在继续发展。身体器官的功能逐渐成熟，骨髓现在已经正式成为血红细胞的生产者了。

准妈妈的"小人儿"已经把子宫里的地方都占满了，活动的空间小了，所以准妈妈会觉得胎动比以前相对少了。这是正常的。

胎儿30周

胎儿的身体比例逐渐协调，皮下脂肪继续增长，皱皱的皮肤会慢慢变得平滑起来。另外，胎儿的大脑和神经系统已经发达到一定的程度，尤其是视觉系统，已经发育到能辨认和跟踪光源，此时腹内的宝宝已经能大致看到子宫中的景象了。

在生殖器官方面，如果是男孩，那么他的睾丸已经从腹中降下来；如果是女孩，她的小阴唇就会突起。

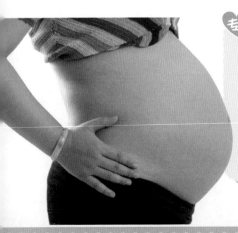

专家叮咛

开始每2周一次的体检

从29周开始，产科医生将安排准妈妈每2周做一次产检。为了准妈妈和宝宝的健康和安全，这是必要的。另外，最好在这个月内选定一家生产的医院，并对医院进行适当的考察。最好还是选择进行产前检查的医院，因为这里的医生对准妈妈的情况比较了解。

胎儿31周

胎儿的皮下脂肪更加丰富了，这让他的皮肤逐渐由红色变成了粉红色，表面也更圆润起来，这让他看起来更像一个新生儿了。

在体内，胎儿的各个器官继续发育完善，肺和胃肠接近成熟，并具备了呼吸能力和分泌消化液的能力。同时，胎儿在不断地吞咽羊水，然后再通过膀胱排泄出来，这是为出生后的小便功能健全在进行锻炼。

胎儿32周

胎儿现在的体重为2100克左右，长约40厘米。全身的皮下脂肪更加丰富，使他原本皱巴巴的"小老头脸蛋"变得光润了；头发可能也已经长出，甚至是茂密了。宝宝的手指甲和脚趾甲都已经长齐了，骨架也已完全形成，不过骨头仍然柔软易折。

另外，这时的胎宝宝在准妈妈的肚子里会不断地变换体位，有时头朝上，有时头朝下，还没有一个固定的姿势。不过大多数胎宝宝最后都会因头部较重，而自然头朝下就位的。如果不是头朝下，而需要纠正的话，产前体检时医生会给予准妈妈适当的指导。准妈妈只要按照医生的要求去做就可以。

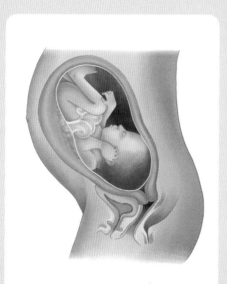
32周大的胎宝宝

采用左侧卧位

现在开始，准妈妈可能觉得睡眠更加不好，胎动虽然没那么频繁了，但肚子却更大了，好像怎么躺都不舒服。这时最好的睡眠姿势是左侧卧姿势。

准妈妈可以在脚下垫上合适的枕头或被子，平卧时垫高两脚，让血液回流。侧卧时，垫高在上面的腿，这样会比较舒服一些。

准爸爸要为准妈妈按摩按摩脊背

准妈妈的脊背为承受子宫的重量，时时刻刻都处在紧绷状态，所以每晚临睡前，准爸爸可以为准妈妈做脊背按摩，帮助准妈妈缓解一天的压力，令她安然入睡。按摩的方法：准爸爸首先在准妈妈的腰部以上找到脊柱，然后逐渐向上进行捏压，力道以准妈妈感到舒服为宜。如果准妈妈表示在某个部位尤其感到酸疼，可以在此多按摩几下。

此外，准爸爸还可用一块湿毛巾在微波炉里稍加热，敷在准妈妈的腰间，这也可帮助缓解背部疲劳。

营养需求变化

蛋白质、脂肪、碳水化合物

蛋白质：这个月准妈妈所需要的蛋白质每天为75克～100克。可以通过吃鱼、虾、鸡肉、奶和豆制品来补充优质蛋白质。尤其是鱼肉，含有优质蛋白质，脂肪含量却比较低，多吃也不会超重。另外，鱼还含有各种维生素、矿物质和鱼油，有利于胎儿大脑发育和骨骼发育，是孕期最佳的营养来源。

碳水化合物：在第8个孕月，胎儿开始在肝脏和皮下储存糖原及脂肪，这当然得准妈妈供给。另外，此时的准妈妈如果碳水化合物摄入不足，还会造成蛋白质缺乏或酮症酸中毒，所以准妈妈在这个月应保证热量的供给，增加主粮的摄入，如大米、面粉等。

一般来说，准妈妈每天平均需要进食300克～350克的谷类食品，如米、面等，充足的碳水化合物可以保证热量供给，并节省蛋白质。另外，还要增加一些粗粮，比如小米、玉米、麦片、荞麦等，其中，荞麦是所有谷类中被称为最有营养的食物，富含淀粉、蛋白质、B族维生素、维生素P、镁等，准妈妈多吃荞麦不仅能补充营养，还能起到预防高血压、降血脂、降血糖的作用。市面上有许多荞麦加工成的面条、魔芋等食品，可以煮熟后，浇上种种卤汁，营养又美味。

脂肪：此时的胎宝宝，大脑的增殖也处于高峰期，特别是大脑皮层增殖迅速，如果有丰富的亚油酸供给大脑，对宝宝的大脑发育是非常有利的。亚油酸主要存在于植物脂肪中，所以准妈妈还要摄入含有优质脂肪的食物，如玉米、花生、芝麻等。

维生素

这个月准妈妈仍需适量补充各种维生素，特别是维生素C和B族维生素。

维生素C：维生素C能增加血管壁的弹性和韧性，防止出血，还可以促进准妈妈对膳食中铁的吸收，帮助预防缺铁性贫血。而且，怀孕期间维生素C如果摄入充分，还可以大大降低准妈妈在分娩时遇到危险的概率。苦瓜的维生素C含量很高，达到柠檬含量的4倍，并且还有健脾祛热、祛脂降糖的作用，非常适合孕晚期的准妈妈食用。准妈妈不妨适当多吃些。

另外要注意，维生素C易被破坏，所以蔬菜水果应即购即食，储存时间不要太长。若需储藏，用纸袋或多孔的塑料袋套好，放在冰箱下层或阴凉处。洗菜时速度要快，并先洗后切，这样可减少营养流失。烹调用大火快炒，少加或不加水。

B族维生素：B族维生素参与体内各种代谢活动，而孕晚期是胎儿代谢旺盛时期，所以准妈妈多补充B族维生素有利于胎儿完成各种代谢活动，对生长发育很有帮助。

仍然是那句话，要多种食材搭配，才能保证营养的均衡摄入。

专家叮咛

准妈妈在孕晚期应多吃小米

小米含维生素B_1和维生素B_2，且含量十分丰富，其中维生素B_1是大米的几倍。多吃小米，可以起到防止消化不良及口角生疮的作用。此外，小米中膳食纤维含量也很高，食用后会刺激肠蠕动，增进食欲，并减轻便秘症状。所以，准妈妈在孕晚期可以多吃一些小米。但是，小米的蛋白质质量不高，所以不能完全以小米为主食，最好与大米、大豆或其他肉类食物一起食用，这样既可以达到营养互补，又能避免其他营养的缺乏。

小米维生素含量丰富，可在孕晚期多吃一些

矿物质

进入孕晚期，准妈妈需补充各种矿物质，尤其是微量元素，以便顺利分娩。

铁和钙是整个孕期都必须补充的营养素，准妈妈按照上个月的饮食要点进行补充就可以。这里主要提醒准妈妈注意补充几种必需的微量元素，如锌、碘、铜等。

锌 锌是人体必需的微量元素，对人的许多正常生理功能的完成起着极为重要的作用。据研究，锌对分娩的影响主要是可增强子宫有关酶的活性，促进子宫肌收缩，从而使胎儿顺利离开子宫腔。如果缺锌，子宫肌收缩力弱，无法使胎儿顺利娩出，就需要借助产钳、吸引等外力，才能完成。如果缺锌过分严重，则需剖宫产。所以说，要多吃富含锌的食物。

含锌丰富的食物推荐以下几种：肉类中的猪肝、猪肾、瘦肉等；海产品中的鱼、紫菜、牡蛎、蛤蜊等；豆类食品中的黄豆、绿豆、蚕豆等；硬壳果类的是花生、核桃、栗子等。这些食物均可选择，特别是牡蛎，含锌量最高，每百克牡蛎含锌100毫克，居诸品之冠，堪称锌元素宝库。

碘 碘是制造甲状腺素的主要原料，有助于胎儿智力发育。含碘丰富的食物有海带、紫菜、海蜇、海虾等海产品，另外还有含碘食盐。妊娠中、后期，建议准妈妈每周进食一次海带，以补充足够的碘。

最后提醒准妈妈，为了减轻水肿和妊娠高血压综合征，在饮食中要少放食盐，并保证每天喝6～8杯水。

豆类食品中的黄豆、绿豆、蚕豆等含锌都较丰富

准妈妈一日饮食方案

到了怀孕第8个月后，由于子宫不断增大，慢慢顶住胃部，因此，胃容量减小，吃一点就有了饱胀感。准妈妈可以少吃多餐，每天吃7～8次都可以。在这个时期，很多准妈妈有在夜间被饿醒的经历，可以在床边放一些零食，吃后漱漱口，再接着睡。

早餐：鲜菇龙须面+鸡蛋羹
鲜菇龙须面的做法：将香菇适量泡发，洗净切片；罐装口蘑、玉米笋、草菇、猴头菇分别切片，与毛豆一起下沸水焯烫透，捞出备用。锅内烧水，沸后下入龙须面，煮6分钟至熟，捞出装碗。锅内放油烧热，放姜末炝锅，依个人口味加入各种调料，汤沸后放入香菇、口蘑、玉米笋、毛豆等材料，略煮入味，撒上葱花，倒入面碗中即可。

7:00～7:30 早餐

午餐：米饭+韭菜炒豆芽+苋菜豆腐汤+清蒸鲤鱼
韭菜炒豆芽的做法：将韭菜100克洗净，切成3厘米长的段。绿豆芽100克去尾，洗净。锅置火上，放油烧热，放入绿豆芽和韭菜段一起翻炒，加入酱油、盐再炒几下，最后加入味精，淋上香油，出锅装盘即可。

12:00～12:30 午餐

晚餐：松仁粥+苦瓜茄墩+小笼包
苦瓜茄墩的做法：茄子2个切长段，将中间茄肉挖出。苦瓜1条切末与猪肉馅放碗中，加盐、味精、白糖，拌匀放入茄子中，蒸8分钟后取出。锅内加高汤，再加其他调料，烧开后用水淀粉勾薄芡，淋茄墩上，撒上葱花即可。

18:30～19:00 晚餐

9:30～10:00 加餐
牛奶1杯+面包2片

15:00～15:30 加餐
新鲜水果1份+坚果能量棒1块

21:00 加餐
牛奶1杯+香蕉红薯片适量

补充能量餐

西红柿烧牛肉

原料 牛肉250克，西红柿400克，香葱末、姜末、蒜末各适量

调料 盐、酱油、西红柿酱、水淀粉、花生油各适量，白糖、味精各少许

做法

1.牛肉洗净切片，加酱油、花生油、水淀粉拌匀腌半小时；西红柿洗净去皮切块。

2.锅内放油烧热，放入牛肉，炸至七成熟时捞起沥油。

3.锅内留底油，放入葱、姜、蒜、西红柿炒2分钟，加适量清水及盐、西红柿酱、糖、味精炒匀。西红柿煮烂后加入牛肉略炒，用水淀粉勾芡，炒匀即可。

 经验分享

可以用西红柿酱代替西红柿，菜的味道、色泽也很好。

山药羊肉奶汤

原料 羊肉250克，牛奶250克，山药100克，生姜20克

调料 盐适量

做法

1.将羊肉洗净，切成小片；山药去皮洗净，切片；生姜洗净切片。

2.将羊肉和生姜放入砂锅中，加适量水、盐，小火炖1个多小时，用筷子搅拌均匀。

3.另取砂锅，倒入羊肉汤1大碗，加山药片煮烂，倒入牛奶煮沸，即可饮汤食肉。

 经验分享

羊肉为滋补佳品，准妈妈若体质比较虚弱，吃些羊肉，对身体很有好处。但是羊肉性温，最好在冬天吃。

红豆红糖核桃粥

原料 糙米150克，红豆100克，核桃适量

调料 红糖1大匙

做法

1.将红豆洗净，用水浸泡8个小时，与淘洗干净的糙米放入锅内，加水以大火煮开，转小火煮约30分钟。

2.加入核桃以大火煮沸，转小火煮至核桃熟软，加入糖继续煮5分钟即可。

 经验分享

准妈妈在孕期吃糖，不能太多、太频繁，以免引起高血糖。

鱼头木耳冬瓜汤

[原料] 草鱼头1个，冬瓜100克，水发木耳、油菜各50克，葱半根，姜2片

[调料] 料酒、白糖各1小匙，盐、植物油各适量，胡椒粉、鸡精各少许

[做法]

1.将鱼头洗净，在颈肉两面划两刀，放入盆中，抹上盐腌10分钟左右；将木耳择洗干净，撕成小朵；油菜、葱分别洗净，切成小段；冬瓜洗净切成薄片。

2.锅置火上，放油烧热，将鱼头沿着锅边放入，煎至两面发黄。然后烹入料酒，加盖略焖，放入葱段、姜片、白糖、盐、清水，先用大火烧沸，再盖上锅盖，用小火炖20分钟左右。

3.待鱼眼凸起、鱼皮起皱、汤汁浓稠时，下入冬瓜、木耳、油菜，大火烧开，加入鸡精、胡椒粉，搅拌均匀即可。

 经验分享

这道汤不仅能为准妈妈补充能量，还有益智补脑、美容利尿的效果。

鸡汁玉米羹

[原料] 罐装玉米羹200克，熟鸡肉50克，鸡蛋1个

[调料] 鸡汤1碗，盐、白糖、水淀粉各少许

[做法]

1.将鸡蛋打散；鸡肉撕碎。

2.锅置火上，把鸡汤、玉米羹、鸡肉倒入锅中，加适量清水煮熟，加糖和盐调味，用水淀粉勾芡后倒入蛋液，轻轻搅动，使蛋液凝固成蛋花即可。

 经验分享

鸡肉与玉米搭配食用，可以帮助准妈妈提高身体的免疫力，预防便秘。

鲫鱼猪血小米粥

[原料] 鲜鲫鱼1条，猪血100克，红枣10粒，枸杞5克，小米40克～50克，生姜、大葱各适量

[调料] 红糖15克，盐、植物油各适量

[做法]

1.将鲫鱼去鳞、剖腹、洗净后，将切碎的生姜、大葱连同盐一起塞入鱼腹中。

2.锅置火上，放油烧热，放入鱼，中火煎至鱼表皮略黄，加入开水适量，煮10～15分钟，捞出鱼加作料当菜吃。

3.再将红枣、小米和枸杞洗净，加入鱼汤中共煮，待粥熟后加入红糖及洗净、切碎的猪血，再煮5分钟即可食用。

 经验分享

经常食用这道粥，能温阳、益气、养血，特别适合冬季怕冷、贫血的准妈妈食用。

缓解疲劳餐

山药香菇鸡

原料 山药100克，鸡腿1个，胡萝卜1根，鲜香菇5朵

调料 盐、糖、料酒、酱油各适量

做法

1. 山药、胡萝卜洗净，去皮切片；香菇泡软，去蒂，打上十字花刀。

2. 鸡腿洗净，剁成小块，沸水汆过，去除血水后沥干。

3. 将鸡腿放锅内，加入盐、糖、料酒、酱油和水，再放入香菇同煮，用小火慢煮。煮10分钟后，放入胡萝卜片、山药片，再煮至山药片熟透即可。

 经验分享

新鲜山药质地松软，久煮易化，所以不能太早加入，需待其他材料熟软后再放。

鸡汤鲜炒芦笋

原料 芦笋300克，百合1颗，枸杞20粒，姜1片

调料 鸡汤半碗，水淀粉2大匙，盐半小匙

做法

1. 用清水将枸杞浸泡软后洗净；姜洗净切丝；芦笋削去粗皮洗净，切段。

2. 锅置火上，放油烧热，放入姜丝爆香，再放入芦笋煸炒1分钟左右，倒入百合，马上调入盐翻炒几下即倒出装盘。

3. 锅置火上，倒入鸡汤、枸杞，大火煮开后，调成小火，用水淀粉勾芡。最后将芡汁淋到芦笋百合上即可。

 经验分享

常食芦笋可以帮助准妈妈增进食欲，缓解疲劳，对准妈妈的生理性水肿也有很好的疗效。

丝瓜虾仁糙米粥

原料 丝瓜20克，虾仁1小匙，糙米2大匙

调料 盐适量

做法

1. 将糙米淘洗干净；虾仁洗净；丝瓜去皮洗净，切成末。

2. 将糙米和虾仁放入锅中，加入2碗水，中火煮15分钟成粥状。再放入丝瓜，煮一会儿，加入盐调味即可。

 经验分享

糙米富含碳水化合物，能为准妈妈身体补充能量。

麦芽蜜枣瘦肉汤

原料 麦芽100克，瘦猪肉100克，蜜枣 20克

调料 盐适量

做法

1.麦芽用锅炒至微黄；蜜枣洗净；瘦猪肉洗净，切成片。

2.将蜜枣、麦芽放入砂锅中，用小火煮45分钟。

3.将猪肉放入，转大火将猪肉煮熟，出锅前放盐调味即可。

经验分享

麦芽含有丰富的维生素B_6、叶酸和磷脂，在一定程度上能帮助准妈妈解除疲劳。

荷兰豆炒牛里脊

原料 牛里脊肉300克，荷兰豆100克，胡萝卜50克，姜末1小匙，姜汁少许

调料 酱油、料酒、白糖、淀粉各1小匙，盐少许，植物油适量

做法

1.将牛肉洗净，切成薄片，用淀粉、料酒、姜汁、酱油拌匀，腌制10分钟；荷兰豆洗净；胡萝卜洗净切片。

2.锅置火上，放油烧热，倒入牛肉片炒至变色，加入荷兰豆、胡萝卜片翻炒1分钟，加入料酒、姜末、白糖和盐，炒至牛肉熟即可。

经验分享

一些平时炒猪里脊的菜，可以用牛里脊来代替，因为牛肉比猪肉营养更丰富。而且牛肉具有补脾胃、益气血、强筋骨、消水肿等功效，可缓解孕期疲劳。

白菜栗子香菇汤

原料 大白菜心500克，去皮熟栗子100克，水发香菇25克，姜丝适量

调料 水淀粉2大匙，料酒1小匙，酱油1大匙，精盐、味精、白糖各少许

做法

1.大白菜洗净，切成长6.5厘米、宽1.3厘米的块；炒锅放大火上，加入花生油，油热七成后，把白菜块放入炸一下，捞出沥油。栗子放油锅内炸一下捞出。

2.炒锅内留余油少许，放大火上，烧六成热，下入姜丝炒出香味，再放入白菜、栗子、香菇、精盐、料酒、酱油、白糖下锅，添清汤烧制。待白菜软烂入味，放味精，用水淀粉勾芡，盛入盘中即成。

经验分享

栗子被称为"肾之果"。对准妈妈来说，吃栗子不仅可以补肾健脾，提高自己的抗病能力，还可以缓和情绪、缓解疲劳、消除孕期水肿和胃部不适。

补钙补铁餐

鱼头炖豆腐

原料 鲢鱼头400克，豆腐100克，香菇8朵，葱白丝适量，姜3片

调料 盐1大匙，植物油适量

做法

1.鱼头洗净，从中间剖开，用纸巾将鱼头表面的水分吸干；豆腐切大块；香菇用温水浸泡5分钟后，去蒂洗净。

2.锅中放油烧热，放入鱼头，中火将两面煎黄。

3.将鱼头暂放在锅的一边，葱白丝、姜放入另一边爆香，倒入开水，没过鱼头，放入香菇，加盖，大火炖煮50分钟，放入豆腐，加入盐，继续煮3分钟即可。

经验分享

这道菜的搭配能使鱼头、豆腐、香菇中的各种营养被最大限度地吸收。

松子菠菜

原料 菠菜1把，松子1大匙，蒜末1小匙

调料 盐半小匙，胡椒粉少许，植物油适量

做法

1.菠菜洗净后，放入沸水中汆烫一下，迅速捞出，沥干水分后切段。

2.锅置火上，放油烧热，放入松子和蒜末，中火慢炒，炒成褐色后加入菠菜，改用大火快炒，加入盐、胡椒粉炒匀即可。

经验分享

菠菜与松子搭配食用，可以帮助准妈妈补充叶酸、预防贫血和便秘。

腐竹海鲜粥

原料 大米100克，虾米50克，蟹肉棒、腐竹各15克，姜2片，葱1根

调料 盐、白胡椒粉各适量

做法

1.虾米洗净；腐竹用温水泡软洗净，切丝；蟹肉棒切丝；姜切丝；葱洗净切葱花。

2.将适量水烧开，倒入淘洗好的大米，沸腾后改用小火熬制成粥。

3.再改大火放入虾米、蟹肉棒丝、腐竹丝煮10分钟后，再倒入姜丝，煮滚后加入盐、葱花、白胡椒粉调味即可。

经验分享

煮粥时，水开后再倒入淘好的大米，营养会更佳。另外，为了防止米汤外溢，可在锅中滴几滴色拉油。

鲜虾·蛋粥

原料 米饭1小碗，鸡蛋1个，虾仁50克，菠菜50克，葱花1大匙

调料 盐、胡椒粉各少许

做法

1.将米饭或直接用大米50克煮成稀饭；菠菜切段；鸡蛋磕入碗中，搅成蛋液。

2.把菠菜与虾仁加入稀饭中煮沸，用盐、胡椒粉调味。

3.倒入蛋液，撒上葱花即可。

 经验分享

孕期准妈妈如果小腿经常抽筋，说明体内缺钙了，要多吃一些含钙量高的食物，虾和鸡蛋都是上佳之品。

五香鲤鱼

原料 鲤鱼1条（约500克），葱、姜各适量

调料 盐、花椒、味精、大料、糖、桂皮、料酒、酱油、醋、植物油各适量

做法

1.将鱼刮鳞，去头，去鳍尾、内脏，冲洗干净，用刀顺鱼脊骨由头向尾一破两片，再斜刀改成小块，用盐、葱、姜、醋、酱油、料酒腌30分钟入味。

2.锅放油烧热，将鱼炸至金黄色捞出。

3.锅中留底油，油热后先下大料、桂皮、花椒煸炒片刻，再加入葱、姜，煸炒后依次加入适量酱油、料酒、醋、盐、糖、味精，最后下鱼，加水，水量以稍低于鱼量为宜。先用大火烧开，然后改用小火，煮至汁浓味厚即可。

 经验分享

鱼块需炸得稍硬一点儿，这样加水煨时才会成形不碎；大火烧开，小火慢煨，能使鱼入味，所以鱼肉香酥可口。

蜜橘鸡丁

原料 橘子2个，鸡胸肉100克，蛋清1个量

调料 盐、味精、淀粉、水淀粉、料酒各适量

做法

1.橘子去皮，把橘肉切成小粒。

2.鸡胸肉洗净切丁，用精盐、味精、蛋清、料酒、淀粉浸腌。取适量盐、料酒、水淀粉放入碗里，兑成稀芡汁。

3.锅内放油烧热，放入鸡丁滑散，捞出沥油。

4.锅中加入鸡丁、橘粒、稀芡汁，推匀出锅即可。

 经验分享

这道菜可为准妈妈补充丰富的铁和钙，还对宝宝有健脑作用。

补维生素餐

苦瓜炒肉

原料 瘦猪肉150克，苦瓜100克，蛋清1个量，姜丝适量

调料 料酒、酱油、味精、盐、白糖、水淀粉、香油、植物油各适量

做法

1.将猪肉洗净，切丝，加适量料酒、盐、鸡蛋清、淀粉拌匀上劲；苦瓜去蒂、瓤，切丝。

2.锅内放油烧热，放入肉丝炒熟盛出。

3.锅内留余油，放入姜丝、苦瓜炒几下，加料酒、盐、酱油、白糖、味精烧沸，用水淀粉勾芡，倒入肉丝，淋入香油即可。

 经验分享

注意，做这道菜时，勾芡不宜太稠或太稀。

玉米排骨煲

原料 玉米1根，肋排500克，葱花适量

调料 盐适量

做法

1.肋排冲洗净，冷水下锅，大火烧沸后撇去浮沫，改小火炖半小时。

2.将玉米洗净，砍成段，再将每段对剖再对剖，成四瓣。

3.排骨炖半小时后下玉米块，改中火烧沸后再改小火炖半小时。

4.放盐炖10分钟，撒些葱花即可。

 经验分享

做这道汤时可加入些许胡萝卜和芹菜，营养更丰富。

红枣西米蛋粥

原料 西米100克，红枣50克，鸡蛋1个

调料 桂花糖1大匙，红糖3大匙

做法

1.西米用清水浸泡，淘洗干净；红枣去核，洗净切丝；鸡蛋磕入碗中，搅打成液。

2.锅中加入适量清水，大火烧开，加入红枣、红糖、西米，烧煮成粥。

3.倒入鸡蛋液，撒上桂花糖即可。

 经验分享

红枣矿物质和维生素种类都很丰富，且含量较高，孕期准妈妈可以每天吃5~6颗，预防贫血，并补充维生素。

补微量元素餐

芝麻杏仁粥

原料 粳米50克，黑芝麻20克，杏仁10克
调料 冰糖适量
做法

1. 粳米淘洗干净。
2. 将粳米与杏仁、黑芝麻一同放入锅中，加入适量清水，大火煮开，转小火煮熟成粥，加入冰糖溶化即可。

经验分享

准妈妈可以在孕后期经常食用芝麻与杏仁，还可起到通便的作用。

芦笋炒肉丝

原料 芦笋300克，瘦肉200克，蒜末半大匙
调料 盐、料酒、酱油、水淀粉、糖适量
做法

1. 芦笋削皮洗净，放入加盐的沸水中氽烫，稍软捞出投凉，再切小段；瘦肉切丝，倒入半大匙料酒、酱油和水淀粉腌制15分钟。
2. 锅内放油烧热，将肉丝过油后捞出。
3. 锅内留少许底油，倒入蒜末爆香，再放入芦笋翻炒片刻，加入肉丝，放入剩下的调料，加少许清水炒匀即可。

经验分享

芦笋对高血压、疲劳症、水肿有一定的疗效，孕晚期的准妈妈可适当多吃。

常见饮食与营养问答

Q 1：准妈妈不宜吃哪些水果，以防早产

山楂：山楂酸甜可口，是很多准妈妈的最爱。但是，山楂对子宫有一定的兴奋作用，会促使子宫收缩。如果准妈妈大量食用山楂，有可能会导致早产。

木瓜：木瓜中含有女性荷尔蒙，容易干扰准妈妈体内的荷尔蒙变化，从而危害宝宝的稳定度，严重时则会导致早产，青木瓜则更甚，准妈妈更应完全戒除。

芦荟：芦荟能使妇女内脏器官充血，引起子宫蠕动，造成流产、早产。

孕晚期可以多选择像猕猴桃、橙子等维生素多的水果食用。但是维生素含量也很高的橘子要少吃，特别是体质偏热的准妈妈更要避开，因为橘子性热，吃多了更加上火。但有一点大家应该清楚，吃这些水果只有在极大量的情况下才有可能出现上述状况，正常量摄入无任何问题。

Q 2：准妈妈上火怎么办

准妈妈出现上火症状时，可以多吃一些苦味食物。苦味食物中的生物碱、尿素等苦味物质，具有解热祛暑、消除疲劳的作用。

首推的苦味食物是苦瓜，不管是凉拌、炒还是煲汤，都能达到"去火"的目的。除了苦瓜，准妈妈还可以吃一些杏仁、苦菜、芥蓝等。

甘蓝菜、西蓝花和西瓜、苹果、葡萄等食物富含矿物质，特别是钙、镁、硅的含量较高，有宁神、降火的神奇功效，上火的准妈妈不妨常吃。

Q 3：准妈妈可以喝绿豆汤吗

准妈妈在孕期要少喝绿豆汤，因为绿豆性寒凉，容易导致不适，特别是对虚寒脾弱的准妈妈来说更是如此，所以不适合常喝。如果准妈妈要实在想喝绿豆汤，可以在煮绿豆的时候加些红豆、大枣等有补益作用的温性食材一起煮，减寒凉，还补气养血。

准妈妈减暑消渴也可以喝些淡茶水。茶叶的好处特别多，尤其是含有丰富的锌，据研究，准妈妈常饮茶，所生的婴儿血液中含锌量也较高，这对胎儿的发育是很有好处的，所以可以常喝。适宜准妈妈喝的茶是绿茶，并要尽量清淡。每天饮用3克～5克茶叶所冲泡出的2～3杯茶水，不但消暑解渴，还有消除口腔不适的功能。另外，睡前不要喝茶，以免影响睡眠。

Q 4：哪些食物有利于胎儿大脑发育

人的大脑主要由脂类、蛋白质、糖类、维生素B、维生素C、维生素E和钙这7种营养成分构成，富含这7类营养素的食品就被称为益智食品。因此，准妈妈在饮食中如果能充分摄入这些食物，就能在一定程度上促进胎儿大脑细胞的发育。

这样的食品主要包括：大米、小米、玉米、红小豆、黑豆、核桃、芝麻、红枣、黑木耳、金针菇、紫菜、花生、鹌鹑蛋、牛肉、兔肉、羊肉、鸡肉、草莓、苹果、香菇、猕猴桃、柠檬、芹菜、柿子椒、莲藕、西红柿、萝卜叶、胡萝卜等。这些食物都不会给准妈妈或胎儿带来不利影响，准妈妈可放心食用。在胎儿大脑发育的这个关键时期，准妈妈可适当多吃上述食物，但也不能无所顾忌地一味多吃，因为任何事物都是过犹不及的，所以还要适量，每天只要均衡摄入一些即可。

Q 5：准妈妈一天吃几个鸡蛋好

鸡蛋营养价值很高，含有丰富的蛋白质、脂肪、维生素及微量元素，特别是蛋黄中含有胆固醇和卵磷脂，能够促进人体生长和神经发育，而且还含有造血必需的磷盐、铁盐以及有助于骨骼发育的脂溶性维生素等，是准妈妈不可缺少的高营养补品。

虽然鸡蛋营养价值高，但不宜多吃，每天吃2个即可。2个鸡蛋已经足以满足准妈妈的需求，摄入太多一方面吸收不了会造成浪费，另一方面也会加重准妈妈的消化负担。

但鸡蛋的食用方法要得当，以煮食为最佳，煮食的营养存留率最高，而且比蒸、煎、炸的要容易消化。但煮鸡蛋不宜过老或过嫩，太老不易消化，太嫩不熟，存留细菌，也很不卫生。准妈妈更不能吃生鸡蛋，生鸡蛋进入消化道中会发酵产生一种抗生物素的物质，对身体有害，特别是对肾功能不好的准妈妈更不利。

最后，要提醒身体肥胖和胎儿较大的准妈妈不要多吃鸡蛋，因为蛋黄中含有较高的胆固醇，对肥胖的准妈妈很不利，一般一天1个即可。

为了保证营养均衡，应保持食物多样化

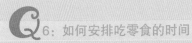

6：如何安排吃零食的时间

孕晚期的准妈妈饥饿感出现比较频繁，除了一日三餐两点外，可能还需要再加点。孕晚期一天的零食该如何安排呢？准妈妈可以参考以下安排：

时间	零食种类	食用提示
8：30～9：00	麦片、奶茶	在选择麦片方面，要选择低糖的，并且在冲泡时适量加入一些牛奶，保证营养的同时还改善了味道。
9：30～10：30	苏打饼干	饼干是被选择最多的零食。饼干分为酥性饼干、苏打饼干，苏打饼干含有的油脂相对少一些，食用起来更健康。
12：30～13：00	酸梅汤	应餐后半小时喝酸梅汤等解暑饮品，否则会引起胃酸。
14：00～14：30	新鲜水果	水果要洗干净，要吃时令水果。
15：00～16：00	蔬果干或坚果	菠萝干、苹果干等果干不但低热量，而且对身体健康非常有益。现在的果干也分油炸型和脱水型，购买时一定要仔细辨认，应只选脱水型的蔬果干。

另外，睡前的半小时内不要再吃零食，以免增加肠胃负担，或引发危及胎儿的身体疾病。

7：总感觉腹胀，应该怎么吃呢

1.少量多餐。不妨一天吃六至八餐，减少每餐的分量，可有效减轻腹部饱胀的感觉。要控制蛋白质和脂肪的摄入量。烹调时添加一些蒜和姜可减少腹胀气体的产生。

2.细嚼慢咽。准妈妈在吃东西的时候应保持细嚼慢咽、进食时不说话、不用吸管吸吮饮料、不常常含着酸梅或咀嚼口香糖等，这样做可避免多余的气体进入腹部。

3.避免食用产气食物。有些食物易产气，准妈妈胀气状况严重时，应避免吃这类食物，例如豆类、蛋类及其制品、油炸食物、马铃薯等。另外，太甜或太酸的食物、辛辣刺激的食物也不宜食用，以免刺激肠胃，影响肠胃功能。

4.少吃含纤维过高的食物。过高的纤维摄入可以在肠道产生大量气体，从而加重腹胀。

5.多喝温开水。准妈妈每天至少要喝1500毫升的水，充足的水分能促进排便，以免大便累积在大肠内，加重胀气情况。

6.当胀气状况严重时，准妈妈可以服用一些市售的胃散，但是在服用前必须先征询医生的意见。

RART10 孕9月，
注重补充多种维生素

胎儿的生长发育与母体变化

准妈妈身体变化

从这个月起，准妈妈的身体会变得比较笨重，行动也不太灵活，因而容易疲倦，所以一定要注意休息。而且一定要停止性生活，以免引起早产和感染。另外，准妈妈现在一定要坚持每两周或每周做一次孕期检查。

准妈妈这个月的体重会比孕前增加8千克～13千克。子宫底高度32厘米～38厘米，子宫已经升到心口窝。所以心脏和双肺会受到较大力的挤压，加之血容量增加到最高峰，准妈妈的心跳和呼吸都会增快。大部分准妈妈都会出现气喘、胃胀、食欲缺乏、便秘的症状。另外，因为这一时期胎儿的头部开始逐渐下降入盆腔，并挤压到膀胱，所以准妈妈会感到尿频。

胎儿33周

现在胎儿的体重大约2200克，身长约40多厘米。皮下脂肪较以前大为增加，皱纹减少，身体越来越圆润。而胎儿的呼吸系统和消化系统发育已经接近成熟了。

宝宝全身的骨头正变得越来越结实，但头骨仍然比较柔软，而且每块头骨之间都有空隙，这是为生产时头部能够顺利通过阴道所做的准备。

胎儿34周

此时，胎儿的体重大约2300克。他已经为出生做好了准备：将身体转为头位，即头朝下的姿势，头部已经进入骨盆。但此时的姿势尚未完全固定，还有可能发生变化，需要密切关注。

在宝宝的体内，中枢神经系统继续发育；消化系统和排泄系统都在日趋成熟，胎儿每天会排出接近600毫升的尿液。宝宝的肺部已经发育得相当良好，现在出生，也可以自己呼吸了。

帮助胎儿入盆

一般来说，在本月的第一周或者是第二周，胎儿的头部就能入盆了。为了帮助胎儿入盆，建议准妈妈尽量放松肚子上的肌肉，并让腹部向前挺，减轻胎宝宝入盆的困难；如果准妈妈需要长时间都坐着，建议不管什么时候，只要是坐下，就一定注意向前倾斜着，让膝盖低于臀部，这会有助于胎宝宝的背部转向准妈妈的前面并向下移动。

💟 胎儿35周

现在的胎宝宝越长越胖，变得圆滚滚的。这是皮下脂肪增厚的结果，这些皮下脂肪将在他出生后起到保温的作用。35周时，胎儿的听力已充分发育，肾也已经发育完全，肝开始具备排毒能力，可以自行代谢一些东西了。如果此时出生，他的存活的可能性为99%。

💟 胎儿36周

36周的胎儿大约已有2900克重，身长约为45厘米。胎儿此时已经变得很漂亮了。皮下脂肪的沉积，使得身体各部分比较丰满，面部皱纹消失，看起来全身圆滚滚的，很可爱。脸、胸、腹、手、足的胎毛逐渐消退，皮肤呈粉红色，柔软的指甲已达到手指及脚趾的顶端。

关注胎位，留意阴道出血

本周，准妈妈应该关注胎儿的胎位，胎位正常与否直接关系到准妈妈是否能够正常的分娩。一旦发现胎位不正，应在医生指导下进行相应的调整，纠正胎位，以便顺利生产。

准妈妈如果在这个月内发现阴道出血，应引起高度重视，这有可能是发生了胎盘早剥、前置胎盘、早期破水等，都是早产的征兆。

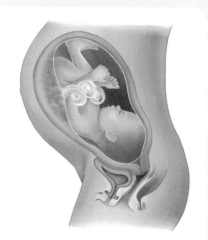

36周大的胎宝宝

坚持数胎动

胎动次数虽然减少了，但准妈妈还应坚持计数。胎动每12小时在30次左右为正常，如果胎动每12小时少于20次，则预示胎儿可能缺氧；少于10次，胎儿可能有生命危险，建议准妈妈及时去医院就诊。

营养需求变化

♥ 蛋白质、脂肪、碳水化合物

蛋白质：这个月准妈妈仍需保证每天75克~100克蛋白质的摄入量。可以多吃一些含蛋白质丰富的食品，比如牛肉、猪瘦肉、鸡肉、鸡蛋、牛奶等。

碳水化合物：碳水化合物的需求量仍是每天400克左右，脂肪的总需求量是每天60克左右。准妈妈可以食用一些南瓜、红薯、土豆、藕等作为主食来代替米面，它们不仅含淀粉、糖，还含有纤维素和一些微量元素，可提供全面的营养，而且热量较低。

此外，玉米也很适合孕后期的准妈妈食用。因为玉米是低热高营养食物，每100克含热量196千卡，而粗纤维却比精米、精面高4~10倍。还含有大量镁，可加强肠壁蠕动，促进机体废物的排泄，有利尿、降脂、降压、降糖作用。

另外，豆制品也非常适合孕后期的准妈妈食用，可以补充蛋白质、脂类、钙及B族维生素等，有助于胎儿的发育，尤其是脑及神经系统的发育。

豆类包括许多种，根据其营养成分及含量大致可分为两类：一类是大豆（黄豆）、黑豆及青豆，另一类包括豌豆、蚕豆、绿豆、豇豆、小豆、芸豆等。在食用豆制品时，注意要吃加热煮熟的食品，以免豆类中固有的抗营养物质对人体造成不良影响。在食用普通豆制品的同时，某些发酵的豆制品如豆腐乳，也可以食用。发酵的豆制品不但易于消化，还能提高大豆中钙、铁、镁、锌等营养物质的利用率，而且能使不利物质降解。

准妈妈应多吃菜花

建议准妈妈每周吃1~3次菜花，每次50克~100克。菜花营养素种类丰富，富含维生素K、蛋白质、脂肪、糖类、维生素A、B族维生素、维生素C及钙、磷、铁等。准妈妈产前经常吃些菜花，可以预防产后出血，并增加母乳中维生素K的含量，对准妈妈和宝宝都是有利的。菜花除了具有很高的营养价值外，还有一个优点就是可以防治疾病，经常食用能增强肝脏的解毒能力，提高机体的免疫力，并预防感冒，防治坏血病等疾患。

菜花可以与各种乳酪、奶汁、调味品、炒鸡蛋、肉、其他蔬菜等一起烹制成菜肴；也可以生吃，制成各种风味的沙拉，或浸入酱油调制食用。不过，准妈妈还是比较适合吃煮熟的菜花，这样比较安全。

♥ 维生素

维生素B₁：本月应注意补充维生素。水溶性维生素中以维生素B₁最为重要。本月如果维生素B₁补充不足，易引起呕吐、倦怠、体乏，还可能导致分娩时子宫收缩无力，使产程延长，以致分娩发生困难。一般粗制谷物、豆类食品中含有丰富的维生素B₁，准妈妈可适量多吃。

维生素K：除了维生素B₁，这个月还需重点补充维生素K。准妈妈如果现在缺乏维生素K，会造成新生儿在出生时或满月前后出现颅内出血。为了保证新生儿充足的维生素K水平，并保证母亲分娩时顺利，准妈妈在孕晚期及月子里，都要注意适当摄入动物性肝脏及绿叶蔬菜等富含维生素K的食物。

为了利于钙和铁的吸收，还要注意补充维生素A、维生素D和维生素C。

菜花营养丰富，建议准妈妈多吃菜花

💗 矿物质

铁 和钙：在怀孕后第9个月里，准妈妈必须补充足够的铁和钙，此时的胎儿，会以每天5毫克的速度把铁储存在肝脏，直到储存量达到240毫克。此时准妈妈如果铁摄入不足，影响了胎儿体内铁的存储，容易导致胎儿出生后患上缺铁性贫血。动物肝脏、绿叶蔬菜含铁丰富。准妈妈可以多选择鸡肝、鸭肝等禽类动物的肝脏。妊娠全过程都需要补钙，此时更需要补，因为胎儿体内的钙一半以上是在怀孕期最后2个月储存的。如果第9个月里准妈妈钙的摄入量不足，胎儿就要动用母体骨骼中的钙，致使准妈妈发生软骨病。所以，妊娠晚期钙的补充量应增加到1200毫克。建议准妈妈多喝牛奶、虾皮汤，多吃芝麻、海带、动物肝脏、蛋、豆制品等。

如果孕晚期恰逢春季，可以吃一些鲜百合。百合无论干品还是鲜品，均含有丰富的蛋白质、脂肪、生物素和钙、磷、铁以及维生素等，是老幼皆宜的营养佳品。有润肺止咳、清心安神、清肺润燥、滋阴清热、理脾健胃的功效。

另外准妈妈需继续控制食盐的摄取量，以减轻水肿。虽然胎头入盆，子宫对胃的挤压减轻了，不过准妈妈胃部容纳食物的空间仍然不多，所以饭前不要一次性地大量饮水，以免影响进食。

孕晚期是胎宝宝骨骼发育、皮下脂肪积贮、体重增加的重要阶段，准妈妈的膳食品种要尽量多样化，并尽可能地食用天然食品，少食高盐、高糖及刺激性食物，也不要过多吃高糖的水果。此外，还需多食肝、骨头汤和海带、紫菜、虾皮及鱼等海产品，从中摄入一些钙、铁、磷等微量元素。另外，每天最好喝600毫升的牛奶，吃两个鸡蛋，补充优质蛋白质和钙。

孕晚期准妈妈可以多吃一些含钙多的食物

准妈妈一日饮食方案

　　到第9个月，胎宝宝逐渐下降进入盆腔后，准妈妈的胃会舒服一些，食量也会有所增加，所以可以适当多吃一些。饮食要保证优质蛋白质的摄入，适度摄入碳水化合物，并避免食用热量较高的食物。但是，若准妈妈较胖，就要稍稍限制一下饮食，以防胎儿过大而给分娩带来困难。

　　早餐： 400毫升牛奶+2片全麦面包或芝麻核桃粥1碗+1个鸡蛋
　　芝麻核桃粥的做法：将100克糙米、30克黑芝麻、30克白芝麻、50克核桃仁洗净，糙米浸泡1小时备用；将所有材料一同放入锅中，加水，中火煮沸，改小火熬1小时，加糖拌匀即可。

7:00～7:30 早餐

　　午餐： 米饭+排骨汤+鸭血豆腐+香菇炒菜花
　　鸭血豆腐的做法：先将1块鸭血用清水洗净，切成2厘米见方的块；豆腐1块同样切成2厘米见方的块，分别放入开水余烫一下，捞出控净水；汤锅置火上，倒入高汤750克烧开；放鸭血块、豆腐块，煮至豆腐漂起；加入盐、味精、酱油、葱末、辣椒面；待汤再开，起锅盛入汤碗内，最后淋入香油即可。

12:00～12:30 午餐

　　晚餐： 米饭+清蒸鲈鱼+清炒油菜
　　清蒸鲈鱼的做法：把嫩姜、葱切成细丝；鲈鱼清洗干净后对剖，撒入少量盐，放入姜丝、葱丝及2匙剁辣椒，腌渍片刻。蒸锅内加适量水煮沸，放入鲈鱼蒸12分钟后取出即可。

18:30～19:00 晚餐

9:30～10:00 加餐

1杯酸奶+适量花生+1根香蕉

15:00～15:30 加餐

1个橙子+1个豆沙包

21:00 加餐

1杯豆奶+几个核桃

通便防痔餐

红薯糙米粥

原料 红薯1个，牛奶1杯，糙米100克

做法

1. 将红薯清洗干净，削去皮，切成小块；将糙米淘洗干净，用冷水浸泡半小时，沥水。

2. 将红薯块和糙米一同放入锅中，加入适量冷水，大火煮开，转小火慢慢熬至粥稠米软。

3. 根据自己的口味偏好，酌量加入牛奶，再煮沸即可。

 **经验分享**

糙米富含钾和膳食纤维，红薯也含有丰富的膳食纤维，两者煮粥，可促进细胞新陈代谢和肠道蠕动，预防便秘发生。

麻油茭白

原料 茭白2个

调料 麻油、盐、白糖、植物油各适量

做法

1. 将茭白去皮洗净，烫一下捞出，切条。

2. 炒锅置火上，放油烧至6成热，下茭白翻炒。

3. 加盐、白糖和适量清水，烧2分钟，淋上麻油即可。

 **经验分享**

茭白有清热解毒、利尿、除烦渴等功效，可改善肠胃热炙而引起的痔疮、烦躁、眼红、大小便不畅等不适。

香蕉薯泥

原料 香蕉2根，土豆1个，草莓5～10颗

调料 蜂蜜适量

做法

1. 将土豆洗净，削去皮，放入锅中蒸至熟软，取出来压成泥，晾凉。

2. 香蕉去皮，切成小块，用汤匙捣成泥；草莓洗净，切成小粒。

3. 将香蕉泥与土豆泥混合，搅拌均匀，镶上草莓粒，淋上蜂蜜即可。

 **经验分享**

洗草莓先用盐水或淘米水泡10分钟左右，用清水冲洗干净，然后再去蒂。

萝卜汤

原料 萝卜1根、高汤4碗、香菜少许

调料 盐少许

做法

1.萝卜洗净去皮切块；香菜洗净切小段。

2.将萝卜放入锅中，加入适量高汤，大火煮开后调至小火，熬至筷子可穿透萝卜即可，最后加入少许盐调味，撒上香菜。

萝卜有顺气消食、通肠利便等作用。常喝此汤（连汤带萝卜一起吃）能有效改善便秘。

奶油玉米笋

原料 玉米笋400克，鲜牛奶80克

调料 面粉、水淀粉各1大匙，白糖2小匙，盐半小匙，鸡精、奶油、植物油各适量

做法

1.将玉米笋洗净，在每个玉米笋上横竖交叉划成花状，投入沸水中略微汆烫，捞出来沥干水分备用。

2.锅置火上，放油烧热，放入面粉，用小火炒散（炒开即可，不要等到面粉变色）。

3.加入鲜牛奶、白糖、盐、鸡精及玉米笋，用小火焖至入味。用水淀粉勾芡，淋入

这道菜含有丰富的膳食纤维和大量镁，能帮助准妈妈增强肠壁蠕动，促进机体废物的排泄，同时还具有利尿、降脂、降压、降糖作用，所以很适合孕晚期的准妈妈食用。

萝卜丝鲫鱼汤

原料 鲫鱼1条（500克左右），白萝卜半根（200克左右），姜2片，葱1根

调料 盐、植物油各适量

做法

1.将鲫鱼收拾干净，用刀在两面各划一个十字；白萝卜去皮洗净，切成细丝；姜切丝、葱白切段，葱叶切葱花。

2.锅置火上，放油烧热，放入少许盐，放入鲫鱼，用小火煎5分钟左右，再放入姜丝、葱白、萝卜丝，煎3分钟左右。

3.加水没过鲫鱼1到2指，大火烧开，改中火煮10分钟左右，最后加入盐，撒入葱花，即可出锅。

煎鱼不破皮的技巧：干锅烧热，用姜片擦一遍锅底，下油烧热再放入鲫鱼，以中火慢煎即可。

补铁餐

红绿皮蛋汤

原料 豆苗150克，西红柿2个，皮蛋2个，姜末1小匙

调料 罐头高汤1杯，盐1小匙，植物油适量

做法

1.西红柿洗净，放入沸水中稍烫，去皮，去蒂，切成片；皮蛋洗净，剥壳，切片；豆苗洗净，择去老根。

2.锅中放油烧热，放入皮蛋过油炸酥，加入高汤没过皮蛋，放入姜末。

3.煮至汤色泛白，加入豆苗、西红柿片和盐，煮开即可。

经验分享

豆苗、西红柿含有丰富的维生素C和铁，皮蛋用了铁剂来腌制，所以铁质的含量也较高，三者煮汤，可以预防缺铁性贫血。

红枣花生蜜

原料 红枣5颗，花生米10～15颗

调料 蜂蜜适量

做法

1.将红枣和花生米洗净，用温水浸泡半个小时左右。

2.将两种材料放到锅里，加适量清水，用小火煮至汤汁浓稠。

3.晾凉后加入蜂蜜调匀，饮用时取10克～15克，用温水调开即可。

经验分享

不要在煮的过程中加蜂蜜，以免蜂蜜中的营养物质被高温破坏。

盐水鸡肝

原料 鸡肝300克，葱、姜各适量

调料 盐、料酒、大料、醋、蒜末、香油、香菜末各适量

做法

1.鸡肝洗净，洗净后凉水下锅，煮开后撇去血沫并加入姜、葱、盐、料酒、大料等调料共煮，煮15～20分钟至鸡肝熟透，取出，放凉，切片。

2.将鸡肝片放入盘中，加醋、蒜末、香油、香菜末拌匀即可。

经验分享

盐水鸡肝铁质丰富，适合孕晚期准妈妈食用。它可以直接吃，也可加入各种蔬菜炒着吃。

木耳猪血汤

原料 猪血250克，水发木耳50克，青蒜半根

调料 盐半小匙，香油少许

做法

1.将猪血洗净切块；木耳洗净，撕成小朵；青蒜洗净切末。

2.锅置火上，放入猪血和木耳，加适量清水，大火烧开，再用小火炖至血块浮起。

3.加入青蒜末、盐，淋入香油即可。

经验分享

　　木耳中铁的含量也十分丰富，与含铁质丰富的猪血搭配食用，可以帮助准妈妈预防贫血、防治便秘。

猪肝鲜笋粥

原料 大米150克，猪肝100克，鲜竹笋尖100克，葱、姜末各少许

调料 料酒1小匙，盐、淀粉、味精各适量，高汤1碗

做法

1.笋尖洗净，斜刀切片；猪肝洗净，切片，放入碗中加少许盐、淀粉和料酒腌渍5分钟。

2.将笋尖和猪肝分别氽烫后捞出，沥干水分。

3.大米淘洗干净，加水，大火烧开后转小火煮40分钟，即成稠粥，加入笋尖、猪肝及盐、高汤、味精搅拌均匀，最后撒上葱、姜末，出锅装碗即可。

经验分享

　　猪肝含铁丰富，用于改善准妈妈缺铁性贫血、头昏、目眩等症状均有较好的效果。猪肝与鲜笋搭配熬粥不但使味道更加鲜美，还能使营养更均衡。

木耳炒莴苣丝

原料 莴苣300克，干木耳20克，泡椒5克，大蒜2瓣，葱1小段，姜1片

调料 盐1小匙，鸡精少许，植物油适量

做法

1.将木耳用温水泡发，去蒂洗净，撕成小朵；莴苣去皮洗净后切菱形薄片，加少许盐拌匀；泡椒用清水清洗一遍，切成小丁；大蒜去皮切成小粒，葱斜切成小段，姜切丝。

2.锅置火上，放油烧热，放入姜、蒜、泡椒，炒出香味，再加入木耳和莴苣，大火快炒至熟。

3.加入葱段、盐、鸡精，翻炒几下即可。

经验分享

　　莴苣中所含的有机化合物中，富含人体可吸收的铁元素，对缺铁性贫血的准妈妈十分有利。

补钙餐

糖醋蘸汁排骨

原料 猪排骨250克

调料 酱油、白糖、醋、料酒、味精、淀粉、熟猪油、植物油各适量

做法

1.将排骨洗净，剁成长条，用少量酱油、料酒、味精、淀粉拌匀腌1小时。白糖、醋、酱油及少许清水调成糖醋汁。

2.锅内放油烧热，放入排骨炸片刻，捞出放冷，再放入油锅内炸透炸均匀，捞出。

3.另起锅热油，倒入糖醋汁煮开，倒进淀粉勾浓汁，淋上熟猪油，盛入碗内，用排骨蘸食即可。

 经验分享

有一定的补铁补钙功效，但不可常吃，以免刺激肠胃。

清蒸枸杞虾

原料 沙虾200克，枸杞15粒，葱1棵，姜3片

调料 料酒、盐各适量

做法

1.沙虾洗净，去除须角，挑除肠泥，洗净沥干；葱洗净、切段；姜去皮、切片。

2.沙虾顺序排入深盘中，每只虾子不可重叠，撒上枸杞，铺上葱段、姜片，滴入料酒，撒上盐。

3.蒸锅中倒入2杯水大火煮开，放入排好枸杞和虾的蒸盘，隔水蒸5～7分钟即可。

经验分享

选择虾清蒸时，以沙虾、活跳虾为最佳。

腐竹炒油菜

原料 油菜400克，腐竹50克，葱花、姜末各适量

调料 糖、盐、植物油各适量

做法

1.将泡好的腐竹切成柳叶形；油菜择洗干净，控干水分。

2.炒锅内放入少许油，待油温五成热时放入葱花、姜末爆炒出香味。

3.放腐竹翻炒片刻，放入油菜、适量糖和盐翻炒均匀即可。

 经验分享

准妈妈孕期补钙，可以多吃豆制品，物美价廉。

冬菇扒茼蒿

原料 茼蒿400克，冬菇100克，葱、蒜适量

调料 料酒、水淀粉各1大匙，盐1小匙，香油5滴，鸡精少许，植物油适量

做法

1.将茼蒿洗净切段，投入沸水中汆烫，捞出沥干；将冬菇洗净，切成小片；葱切段，蒜切片。

2.锅置火上，放油烧热，放入葱段、蒜片爆香，再放入冬菇，翻炒至熟，倒入茼蒿，加入料酒、盐，煸炒至熟。用水淀粉勾芡，放入香油、鸡精炒匀即可。

经验分享

冬菇中含有丰富的维生素D，可以帮助准妈妈促进体内钙的吸收。

枸杞黑芝麻粥

原料 黑芝麻30克，粳米100克，枸杞10克

调料 白糖适量

做法

1.将黑芝麻清洗干净；粳米淘洗干净；枸杞洗净。

2.将三种原料一同放入锅中，加入适量清水，煮成粥，加白糖即可。

经验分享

黑芝麻具有补肝肾、益气力等功效，可用于治疗肝肾精血不足所致的眩晕、须发早白、脱发、腰膝酸软、四肢乏力、皮燥发枯等病症。

补维生素餐

狝猴桃香蕉汁

原料 狝猴桃2个，香蕉1根

调料 蜂蜜少许

做法

1.将狝猴桃和香蕉去皮，切成块。分别放入榨汁机中，加入凉开水打成汁。

2.将两种汁放入一个比较大的碗中，混合到一起，加入蜂蜜调匀即可。

 经验分享

随做随饮，不要放置超过半小时，以免营养流失。

咖喱蔬菜鱼丸煲

原料 鱼丸300克，土豆1个，胡萝卜1根，小南瓜小半个，苹果1个，小紫皮洋葱5个，西蓝花1小棵，小西红柿6个

调料 咖喱膏80毫升（咖喱块亦可），糖1大匙、盐2小匙，胡椒粉半小匙

做法

1.土豆、胡萝卜去皮切滚刀块，南瓜去皮切小方块，洋葱切块；苹果去皮去核切块；西蓝花掰成小朵，用淡盐水浸泡；小西红柿对切成两半。

2.锅内放油烧热，放入洋葱、土豆、胡萝卜、南瓜炒一会儿，加咖喱膏炒匀，加水至略淹过表面，大火烧开后转小火炖20分钟。

3.加鱼丸、苹果、西蓝花、小西红柿，炖10分钟，加糖、盐、胡椒粉拌匀即可。

 经验分享

鱼丸可以换牛肉丸、猪肉丸和贡丸。

多味蔬菜丝

原料 卷心菜250克，水发海带、胡萝卜、芹菜各50克，尖椒25克

调料 料酒、醋、盐各1小匙，鸡精、白糖各少许，香油适量

做法

1.将芹菜、胡萝卜、海带、卷心菜、尖椒分别洗净，切成细丝。

2.锅内加适量水烧开，将芹菜丝、胡萝卜丝、海带丝、卷心菜丝分别放入水中汆烫熟，捞出来沥干，放入盆中。

3.加入切好的尖椒丝，调入盐、鸡精、料酒、醋、白糖、香油，拌匀即可。

 经验分享

这道菜含有多种维生素和矿物质，还有清热去火的功效。

改善胃灼热餐

百合炖雪梨

原料 雪梨2个，干百合20克

调料 冰糖适量

做法

1. 百合用清水浸30分钟，放到滚水中煮3分钟，取出沥干水；雪梨去核，洗净连皮切片。

2. 将冰糖放入锅中，加适量清水，小火煮10分钟至滚。

3. 把雪梨、百合放入锅中，加冰糖，用小火炖约1小时即可。

经验分享

百合、雪梨养阴生津、清热祛燥，对缓解胃灼热有较好的功效。

薏仁绿豆老鸭汤

原料 老鸭1只，薏仁、绿豆各40克

调料 陈皮2片，盐适量

做法

1. 老鸭洗净切掉鸭尾，放入沸水中汆烫一下捞出。

2. 陈皮放入温水中浸软，刮去瓤；薏仁、绿豆均洗净。

3. 砂锅置火上，倒入适量清水煮沸，将所有材料放入煲内，用大火煮20分钟，再改用小火熬2个小时，调入盐即可。

经验分享

此汤消暑清热，健脾益脏腑。

常见饮食与营养问答

Q1: 吃饭后总觉得胃有烧灼感，怎么办

孕晚期经常感到胃部不舒服、有烧灼感的准妈妈，很可能是因为胃灼热。胃灼热通常在孕晚期出现，主要原因是内分泌发生变化，胃酸反流，刺激食管下段的痛觉感受器而引起的。此外，妊娠时巨大的子宫、胎儿对胃有较大的压力，胃排空速度减慢，胃液在胃内滞留时间较长，也容易使胃酸反流到食管下段，引起胃灼热。

胃灼热的具体感觉就是，每餐吃完之后，总觉得胃部麻乱，有烧灼感，有时烧灼感逐渐加重而成为烧灼痛，尤其在晚上，胃灼热很难受，甚至影响睡眠。

为了缓解和预防胃灼热，准妈妈在日常饮食中应避免过饱，少食用高脂肪食物，不要吃口味重或油煎的食品，以免加重胃的负担。另外，临睡前喝一杯热牛奶，有很好的缓解效果。要注意的是未经医生同意不要服用治疗消化不良的药物。

通常胃灼热会在分娩后消失，准妈妈不必过于担心。

Q2: 准妈妈可以吃西瓜吗

在炎炎夏日，吃西瓜很是消暑解渴，但由于西瓜性凉，且含糖分较高，所以很多准妈妈不敢吃。其实只要吃西瓜的方法正确，对准妈妈和宝宝都有益。

首先，准妈妈不能过量吃西瓜。以一天吃1~2块为好，最多不要超过半个。因为吃太多会摄入过量糖分，从而容易发生妊娠糖尿病。

其次，准妈妈吃西瓜不要选在饭前或饭后。饭前饭后吃西瓜，西瓜中大量的水分会冲淡胃液，从而影响正餐的营养吸收。而且饭前吃大量西瓜又会占据胃的容积，影响食欲。

最后，千万不要吃在冰箱内冷藏的西瓜。如果准妈妈吃温度过低的"冰西瓜"，可能会引发宫缩，严重的可能引起早产。最好选择常温的、新鲜的、熟透的西瓜。

临睡前喝一杯热牛奶，有利于缓解胃灼热

Q 3：吃粗粮能缓解便秘的症状吗

粗粮中含有精制粮食中流失掉的B族维生素，尤其是维生素B_1，跟人体物质和能量的代谢密切相关，对于提高准妈妈的食欲、促进胃肠道的蠕动和加强消化功能，都非常有益。另外，粗粮含有丰富的膳食纤维，可以促进准妈妈的肠胃蠕动，从而缓解便秘。所以，准妈妈在孕期适当吃些粗粮，是有利于通便的，而且粗粮可以弥补细粮中的营养缺失，对准妈妈及宝宝的健康也非常有益处。

不过，粗粮虽好，也不能多吃，吃多了对准妈妈的健康也不利。因为粗粮中丰富的纤维素，可能影响到准妈妈对脂肪、微量元素的吸收。比如，燕麦吃多了会影响铁和钙质的吸收，缺铁或缺钙的准妈妈就必须十分注意。

所以，准妈妈在吃粗粮的时候要注意方法，不要和补钙、补铁的食物一起食用。中间最好隔上40分钟左右。孕晚期每日食用粗粮的量，要控制在50克以内。

Q 4：准妈妈喝酸奶对防痔疮有作用吗

孕晚期，胎儿的发育和子宫的不断增大，会使盆腔受到的压迫进一步增大，并且使血管内的血液回流受到阻碍，所以极易诱发痔疮，或使本来已有的痔疮加重。为此，很多准妈妈选择用喝酸奶的方法来预防痔疮。酸奶真能预防痔疮吗？

首先可以肯定的是，准妈妈喝酸奶对预防痔疮有一定的帮助，因为酸奶在制作过程中已将牛奶中的乳糖和蛋白质分解，所以更易消化和吸收。准妈妈每天喝上一杯酸奶，可以起到促进胃液分泌、提高食欲、加强消化功能、促进胃肠蠕动，增加大便湿润度，并缩短排泄物在结肠内停留时间的作用，从而防止大便秘结，进而减少痔疮的发生概率。所以喝酸奶预防痔疮是有效的。那么是不是酸奶喝得越多越好呢？当然不是，任何食物贪多都会给身体造成不必要的伤害，准妈妈只需每天喝一杯即可。

预防痔疮，除了喝酸奶，准妈妈还要注意一些饮食搭配。如不吃或少吃辛辣刺激性的食物和调味品，像辣椒、胡椒、生姜、大蒜、大葱等；多吃水果和新鲜的蔬菜，尤其是富含粗纤维的蔬菜、水果，如菠菜、黄花菜、木耳和苹果、桃、梨、香蕉、瓜类等。同时准妈妈还要养成多饮水的习惯，最好喝些淡盐水或蜂蜜水。若已经出现排便困难，可食用蜂蜜或一些含油脂的食物，如芝麻、核桃仁等。

Q 5：胎儿偏小，准妈妈要补什么

胎儿发育如何受很多因素的影响，比如说准妈妈的膳食、准妈妈身体的新陈代谢，胎儿自身的代谢等，这是一个复杂的过程。如果胎儿偏小，要从这些方面逐一分析原因。

首先要分析是不是膳食造成的。如果准妈妈体重正常，说明能量摄取没有问题，你就不需要增加热量，而重点应该关注的是准妈妈的饮食结构。如果准妈妈膳食中已经包含了足够的蛋白质、脂肪、碳水化合物、维生素、矿物质等营养素，那么不需要作什么调整，胎儿小点也是没有关系的。千万不要觉得胎儿小，就马上增加蛋白类食物，这是不正确的，对胎儿无益，反而增加准妈妈的负担。只有当准妈妈确实是体重增加得不够，食欲也不好，才需调整，增加进食量，增加高营养物质，并注意均衡摄取，不要只摄入某种单一的营养素。

胎儿偏小与否，最好请医生判断，需要调整时，也要按照医生的嘱咐，不要擅作主张。

Q6：准妈妈饿的时候，胎儿会不会饿

虽然目前还无法确切知道，准妈妈饥饿的时候胎宝宝会不会有饥饿感，但准妈妈经常饥饿肯定会影响到胎宝宝。因为，胎儿的营养是通过脐带、胎盘从准妈妈的身体里吸收而来的，所谓的一人吃，两人补，说的就是这个道理。如果准妈妈长期都吃得太少，腹中的宝宝无从吸收营养，肯定会经常被饿着，长得就会比较慢。

所以，在整个孕期，准妈妈不要因为食欲不好或身体不适，就少吃或不吃东西，更不能怕身材走形而节食。最好是保持少吃多餐的饮食习惯，饿了就吃点，尽量不让饥饿感困扰。

Q7：补充维生素C真的可以降低分娩危险吗

据最新研究显示，孕妇在妊娠期间如果补充足够的维生素C，有助于降低分娩危险。

胎儿羊膜早破为准妈妈分娩的常见问题，会给准妈妈带来一定危险。羊膜是由胶原质构成的，而维生素C能够帮助加固胶原质构成，所以可以降低羊膜早破的概率，从而减少危险。而且维生素C有利于保持白细胞中储存的营养，这也是有利于防止羊膜早破的。

在怀孕前和怀孕期间都未能得到足够维生素C补充的准妈妈，发生羊膜早破的概率就要高一些。所以准妈妈要注意到这一点，并多吃一些含丰富维生素C的水果和蔬菜，如橙子、猕猴桃、西蓝花、西红柿等。同时，最好能咨询医生，适当用维生素C制剂来补充。

RART11 孕10月，
为分娩储备能量

胎儿的生长发育与母体变化

准妈妈身体变化

到这个月，准妈妈的体重会比孕前增加10千克~14千克，子宫底高度约32厘米~35厘米，羊水量在600毫升~800毫升。

随着胎儿的入盆，宫顶位置下移，对心脏、肺、胃的挤压减轻，准妈妈的胃胀有所缓解，食欲也开始恢复。而直肠和膀胱受到的压迫加重，尿频、便秘、腰腿痛等症状就更为明显了，同时阴道的分泌物也开始增多。

这个时期，有时会出现不规则子宫收缩，这是产兆，会导致准妈妈腹部出现强烈紧绷感。

这段时间不适宜再进行性生活了，以免导致破水和早产。另外，注意不要滑倒，不要做弯腰、下蹲、攀高等危险动作。

胎儿37周

现在胎儿正以每天20克~30克的速度继续增长体重，他现在的体重约为3000克，身长逐渐接近50厘米。有些胎宝宝的头发已经又黑又密。如果胎宝宝在这个周末娩出，就已经可以称为足月儿了（37周到42周的新生儿都称为足月儿）。但在分娩信号来临之前，宝宝还会一直待在子宫内，并且继续囤积脂肪。

胎儿38周

宝宝的生长速度比之前有所下降，但他仍在囤积体脂。体表细细的绒毛和大部分白色的胎脂逐渐脱落，皮肤开始变得光滑。这些脱落的物质会随羊水，被胎儿吞进腹内，并在胎儿的肠道内蓄积，形成胎儿肠道运动的第一批排泄物——胎便。

宝宝的大脑和肺部还未完全成熟，仍在继续发育。一般情况下，胎儿的头部现在已经完全入盆，并在盆内摇摆，周围有骨盆在保护，很安全。头部入盆有利于宝宝有更多的空间放自己的小胳膊小腿。

充分休息

随着身体负担越来越重，准妈妈的体力大减，身体更加容易疲倦。这时，一定要注意充分休息和保持足够的睡眠，为越来越临近的分娩储备力量。所以，只要感到累就要休息一下，不要硬撑，以免引起高血压。

胎儿39周

胎儿现在的体重应该有3200克～3400克。一般情况下男孩平均比女孩略重一些。

此时胎儿的组织还在继续增长，身体各部分器官已发育完成，肺是最后一个发育成熟的，通常需要等到宝宝出生后几个小时后，正常的呼吸方式才会最终建立起来。

胎儿的头部已经固定在骨盆中，所以你会发现宝宝在准妈妈肚子里越来越安静，活动越来越少了。

留意胎膜早破现象

这一阶段，准妈妈可能会发生胎膜早破的现象，表现为一股水流涌出或是平稳的滴流。如果你发觉自己的宫缩变得很有规律或胎膜已破，请速去医院检查。

胎儿40周

胎儿的所有身体机能均达到了娩出的标准，大部分宝宝都会在本周出生，所以准妈妈一旦出现"宫缩""见红""羊水流出"等情况时，要迅速赶往医院分娩。不过胎儿也可能推迟两周出生，这属于正常情况，因为计算预产期是存在合理误差的，不必过于着急。但如果推迟两周后还没有临产现象，特别同时伴有胎动减少时，就应该尽快去医院，医生会采取相应措施，尽快使宝宝娩出。

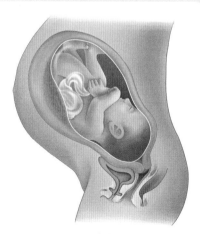

40周大的胎宝宝

每周孕检

最后1个月应每周去医院检查一次，以便随时掌握胎宝宝的变化，保证胎宝宝的安全。一般医生会检查胎儿有没有入盆，估计入盆的时间，查看胎位是否正常且是否已经固定等。如果此时胎位尚不正常，那么胎儿自动转为头位的机会就很少了，如果医生也无法纠正，那么很可能会建议准妈妈采取剖官产，以保证准妈妈和宝宝的安全。

营养需求变化

孕晚期可以多吃一些粥、面汤等
易消化的食物，减少肠胃负担

蛋白质、脂肪、碳水化合物

这个阶段准妈妈应该吃一些富含蛋白质、糖类等能量较高的食品，为分娩积聚能量。蛋白质每天应摄入80克～100克，如果打算宝宝出生后采取母乳喂养，则需从现在开始一直到哺乳结束都保持这个摄入量；脂肪每天25克左右；碳水化合物每天500克左右。另外，注意食物要易于消化，可以多吃一些粥、面汤，还要注意粗细粮搭配，避免便秘。另外，可适当地吃些坚果、巧克力等高能量的食物，以增加体力，应付随时可能来临的分娩。

此外，准妈妈产前可常喝莲藕、红枣、章鱼干、绿豆、猪蹄一起煲的汤。莲藕性平，健脾开胃，益血生肌；红枣性温，补脾和胃，益气生津；章鱼性平，补血益气；绿豆性凉，入心、胃经；猪蹄性温，入脾、胃经，有补脾气、润肠胃、生津液、丰机体、泽皮肤的功用，还有促进乳汁分泌的作用。诸物合用，相得益彰，使汤品补而不燥，润而不腻，健脾益气，养血润肤。

最后要提醒准妈妈的是，选择食物时注意选择体积小、营养价值高的食物，如动物性食品；少选体积大、营养价值低的食物，如土豆、红薯；适当限制甜食；少吃过咸的食物，每天摄盐量控制在5克以下；另外，不要大量饮水。

维生素、矿物质

维生素：在本月之前一直补充各类维生素剂的准妈妈需要停补，除非医生建议，以免引起代谢紊乱。可以通过饮食来保证维生素营养的全面和均衡，建议每天食用2种以上蔬菜，1种以上水果。含维生素B_1丰富的食物可多吃，因为此时若准妈妈体内维生素B_1含量不足，容易引起呕吐、倦怠、体乏，还会影响分娩时子宫收缩，使产程延长，或分娩困难。所以像豆类、酵母、坚果、动物肝、肾、心及瘦猪肉和蛋类、标准米面等食品要常吃。

矿物质：对于矿物质，准妈妈同样只需保证营养均衡，就能保证其足量供给。

到了孕期的最后一个月，准妈妈不要过于担忧，要放松心情，吃好喝好，静待宝宝的到来即可。这时要适当多补充能量，但以自我感觉胃肠舒适为准。

有些准妈妈仍然胃部有灼热感，可每天吃1个梨，或用梨炖汤喝。梨，味甘性寒，含苹果酸、柠檬酸、维生素B_1、维生素B_2、维生素C和胡萝卜素等，具有生津润燥、清热化痰的功效，对于胃火大或肺火大的准妈妈非常有帮助，常吃可起到适度调节作用。另外，为了缓解水肿、下肢肿胀的情况，准妈妈应该多吃一些低盐食物，另外可以喝米粥、红豆汤、绿豆汤，利水消肿，改善症状。

推荐清胃热食谱

鲜奶炖木瓜雪梨

先将1杯鲜奶煮热，再放入去籽去皮切成大粒的木瓜和雪梨，煮10分钟加糖即可。

百合莲藕雪梨汤

将鲜百合100克洗净，撕成小片状；莲藕100克洗净去节，切成小块，煮约10分钟；梨1个洗净切成小块。将梨与莲藕放入清水中煲2小时，加入鲜百合片，煮约10分钟，最后放入盐或糖调味即可。

准妈妈一日饮食方案

最后一个月，准妈妈胃部不适感会有所减轻，食欲也会随着增加，因此各种营养的摄取应该不成问题。为了储备分娩时消耗的能量，这个阶段应该多吃一些富含蛋白质、糖类的能量较高的食品，如鱼、蛋、瘦肉、水果等。注意，孕期增重过多的准妈妈还应该适当限制脂肪和碳水化合物的摄入，以免胎宝宝过大，给分娩造成麻烦。

早餐：1个南瓜豆沙包+1碗蔬菜粥+1杯牛奶

蔬菜粥的做法：鲜贝、香菇、萝卜、咸菜丁（超市有卖）、芹菜、枸杞、大米各适量。先将大米洗干净，泡1小时。其他材料切丁备用。大米下冷水锅小火开始熬制，中间不停搅动。半小时后下入所有材料，放少许盐、鸡精，再继续熬10分钟即可。

7:00~7:30 早餐

午餐：米饭+双耳牡蛎汤+木耳莴笋拌鸡丝

木耳莴笋拌鸡丝的做法：水发木耳、莴笋各100克，鸡胸肉200克，青、红椒各少许。莴笋去皮，木耳、青椒、红椒分别洗净切丝，稍余烫一下。鸡胸肉洗净切丝，余烫。将全部材料用盐、味精拌匀，最后淋少许香油即可。

12:00~12:30 午餐

晚餐：南瓜百合粥+葵花子拌荠菜+蒸鸡蛋

葵花子拌荠菜的做法：荠菜350克，熟葵花子仁50克，红椒丁少许。将荠菜洗净，入沸水锅中余烫后捞出过凉水，挤干水分，切碎末。荠菜末、葵花子仁、红椒丁放入碗中，加入盐、白糖、味精、葱油等调料拌匀即可。

18:30~19:00 晚餐

9:30~10:00 加餐

适量核桃+1个梨

15:00~15:30 加餐

蜂蜜柑橘汁1杯

21:00 加餐

1杯牛奶+3颗红枣

增强体力餐

小·鸡炖蘑菇

原料 土鸡半只约400克，香菇10朵

调料 老抽、蚝油、白糖各1汤匙，生抽2汤匙，花椒、葱段、姜、蒜、干辣椒、八角、植物油各适量

做法

1.土鸡洗净，切块；香菇洗净去蒂，在表面打花刀；将老抽、蚝油、白糖和生抽调成汁。

2.锅里加凉水、葱段和鸡块，大火烧开后再煮3分钟。然后将鸡块捞出控水。

3.重新起锅，倒油烧热，放入葱、姜、蒜、花椒、干辣椒和八角，小火炒出香味。鸡块倒入锅中火煸炒至表面微焦，倒入料汁。

4.放入香菇后再倒入2大杯水，烧开后转中火炖煮50分钟即可。

经验分享

准妈妈在分娩中消耗的能量会很大，所以在本月要多吃一些能量高的食物。

香葱鸡粥

原料 鸡胸肉300克，葱3根，大米50克

调料 白糖、橄榄油、盐各1小匙，醪糟2小匙

做法

1.葱洗净，去根部及老茎，取葱白部分，切长段。

2.鸡胸肉洗净，切方丁，放碗中，加白糖、橄榄油、盐、醪糟拌匀并腌20分钟。

3.大米洗净，放入锅中，加水中火煮开，转小火煮至熟烂成稀饭。

4.把鸡肉放入稀饭中，中小火煮开，再加葱段，转小火加盖焖熟即可。

 经验分享

鸡肉营养丰富，特别是鸡胸肉高蛋白、低脂肪，为最佳健康肉品。除了补充体力与营养外，多吃鸡肉还能加强肌肤弹力，促使血色红润，达到美容美肤的效果。

鸡丝烩菠菜

原料 菠菜200克，鸡胸肉100克，水发粉丝50克，海米15克，蒜2瓣，枸杞10粒

调料 盐1小匙，清汤、植物油各适量

做法

1.将鸡胸肉切成丝；菠菜洗净切成段；海米用水泡透；蒜洗净切片；枸杞泡透。

2.锅内加入植物油烧热，放入蒜片、鸡丝炒香，倒入适量清汤，加入海米、枸杞烧开。

3.加入菠菜、粉丝，调入盐，用中火煮透入味即可。

 经验分享

这道菜中含有丰富的蛋白质、维生素、钙、磷等营养素，具有滋阴平肝、助消化的作用。同时菠菜还是帮助准妈妈补充叶酸的好食物，能够促进宝宝健康的成长。

土豆烧牛肉

原料 土豆100克，牛肉100克，葱3段，姜2片

调料 盐3克，植物油适量

做法

1.土豆洗净，去皮，切成滚刀块；牛肉洗净，切小方块；葱洗净，切末。

2.炒锅置火上，放植物油烧热，下牛肉块煸炒片刻，加葱末、姜片，倒入适量清水（以浸过肉块为好），加盖煮开。

3.转小火炖至肉快烂，加土豆、盐，炖至土豆、牛肉酥烂入味即可。

 经验分享

盐要等到最后加，牛肉加盐煮容易缩紧。

补气血餐

猪肝拌黄瓜

原料 猪肝100克，嫩黄瓜1根，海米2大匙，香菜2根

调料 酱油、盐各1小匙，花椒6粒，醋、鸡精、植物油各适量

做法

1.将猪肝洗净后切成0.3厘米厚的方片，放入锅中煮熟；海米用开水泡发，清洗干净；黄瓜洗净后拍松，切成0.3厘米厚的片；一起放在大碗中；香菜洗净切段。

2.锅中放油烧热，放入花椒炸出香味后倒入大碗内，撒上香菜，加入其余的调料，拌匀即可。

● **经验分享**

肝脏含有丰富的营养物质，具有营养保健功能，是最理想的补血佳品之一。

洋参瘦肉汤

原料 猪瘦肉500克，西洋参25克

调料 盐适量

做法

1.将西洋参洗净，用温水泡软切片。

2.煲内放入洋参，加入泡洋参的水及适量清水，大火煮开。

3.瘦肉洗净，放入洋参煲中煮开，改小火煮2小时(煮汤时不要揭开锅盖)，加少许盐调味即可。

● **经验分享**

这道汤可作为产前补气血之用，准妈妈可以经常食用。

木耳红枣果味粥

原料 粳米100克，黑木耳50克，大枣100克

调料 白糖、橙汁各适量

做法

1.粳米淘洗干净，浸泡30分钟；大枣洗净。

2.黑木耳放入温水中泡发，去蒂，撕成小瓣。

3.将所有原材料放入锅内，加适量清水，大火烧开，转小火炖至黑木耳软烂、粳米成粥后，加白糖和橙汁即可。

● **经验分享**

红枣富含造血不可缺少的营养素——铁和磷，是一种天然的补血剂。

菠菜黑木耳炒蛋

原料 菠菜100克，黑木耳10克，鸡蛋1个，蒜2瓣

调料 盐、鸡精、植物油各适量

做法

1.菠菜择洗干净，切段；黑木耳放在温水中泡发，去蒂洗净，撕成小朵；蒜去皮，洗净，剁碎；鸡蛋磕破，打散。

2.锅内放油，烧至七成热，倒入鸡蛋炒熟，盛出。

3.锅内留少许底油，烧热，放入蒜，爆出香味，放入菠菜段、黑木耳，翻炒至熟，加炒好的鸡蛋，调入盐、鸡精拌匀即可。

经验分享

泡发黑木耳的时候，温水中放入一些盐再浸泡，这样可以让黑木耳变软的速度加快，也更好清洗。

莲藕红枣章鱼猪手汤

原料 章鱼干1只，猪手1只，莲藕1节，红枣6~8粒，绿豆50克

调料 盐、酱油适量，其他调味料依个人口味定

做法

1.红枣洗净，去核；绿豆洗净，用清水浸泡；章鱼干洗净，用温水浸泡半小时；莲藕洗净去节，切成块状。

2.猪手洗净，与除盐之外的所有材料一起放入瓦煲，先用大火，后用小火煮2个半小时，然后捞出莲藕、猪手，猪手切块状，拌酱油等调味料佐餐用。

3.加入适量盐即可。

经验分享

此汤气味香浓可口，具有补中益气、养血健骨的功效，同时又能滋润皮肤。

红枣黑豆炖鲤鱼

原料 鲤鱼1条，黑豆30克，红枣8颗，葱半根，姜2片

调料 盐、料酒各2小匙

做法

1.将鲤鱼洗净切段；红枣洗净去核；黑豆淘洗干净，用清水浸泡1个小时；葱切成段。

2.锅中放入适量清水和鲤鱼段，用大火煮沸。

3.加入黑豆、红枣、葱段、姜片、盐和料酒，用小火煮至豆熟即可。

经验分享

鲤鱼含有极为丰富的蛋白质；红枣有补益脾胃、养血安神的功效；黑豆有治水、消胀、下气、治风热、活血解毒的功效。三者搭配对于体虚、四肢水肿的准妈妈来说，是一道食疗佳品。

静心安神餐

苹果玉米羹

原料 甜玉米两个，苹果半个，鸡蛋一个

调料 冰糖少许

做法

1. 玉米洗净，取粒；苹果洗净切粒。

2. 锅置火上，倒入适量清水，加入玉米粒大火煮开后，改用小火煮6分钟。

3. 加入冰糖、苹果，大火煮开，打入鸡蛋搅拌匀煮熟即可。

 经验分享

此菜能够帮助准妈妈预防便秘，还具有舒缓情绪的作用，令准妈妈感觉舒适愉悦。另外，此玉米羹如果加入一些奶制品会更浓稠，味道也会更好。

莲藕排骨汤

原料 猪肋排 300克，莲藕 500克，葱4段，姜4片

调料 料酒、盐、胡椒粉各2小匙，味精、鲜香菜各适量

做法

1. 猪肋排洗净剁成段，氽烫去血沫，捞出沥干；莲藕洗净切滚刀块。

2. 将排骨放入汤锅中，加葱段、姜片、料酒、温水，加盖，大火烧开，煮15分钟。

3. 放入莲藕块，将锅盖盖严，大火煮开后调成小火炖煮1小时。最后加盐、胡椒粉、味精调味，撒上香菜即可。

 经验分享

莲藕有两种，一种颜色偏红则粉，一种偏白则脆，炖汤用粉莲藕较好。

蔬菜沙拉

原料 圆白菜100克，西红柿1个，黄瓜半根，青椒1个，洋葱小半个

调料 柠檬汁1大匙，蜂蜜、盐各适量，香油少许

做法

1. 将所有材料分别洗净，圆白菜、西红柿、黄瓜均切块；青椒、洋葱切圈。

2. 把切好的材料搅拌均匀，放在盘子中。

3. 把盐、柠檬汁、蜂蜜混合均匀，淋在蔬菜上，再淋上香油即可。

 经验分享

孕后期的准妈妈往往身体燥热，心神不安，可以适当吃一些清凉的蔬菜、水果等，做一道蔬菜沙拉吃，就不错。

香菇红枣蒸鸡

原料 鸡半只，香菇6朵，红枣6颗，葱花1小匙，姜3片

调料 生抽1大匙，白糖、盐、淀粉各1小匙

做法

1.鸡洗净后切块备用；香菇用温水泡软，洗净后切丝；红枣、姜均洗净切丝。

2.把鸡、香菇丝、红枣丝、生姜丝放入碗中，加入淀粉、生抽、白糖、盐一起拌匀。

3.把鸡放入蒸锅，大火蒸20分钟，关火后焖2分钟，撒上葱花即可。

 经验分享

香菇的香、红枣的甜、鸡肉的鲜，三者混合在一起，味道真的很棒。酱汁可用来拌饭，营养又美味。

降燥安神秋梨膏

原料 秋梨3个，干红枣40克，姜10克

调料 冰糖75克，蜂蜜40毫升

做法

1.将秋梨、红枣分别去皮去核，切碎；姜切丝，一起放入砂锅中，加适量水，大火烧开，放入冰糖，小火熬30分钟成浆液。

2.滤去渣子，剩下的浆液继续熬至表面冒泡，成浓稠膏状。

3.将秋梨膏放凉，加入蜂蜜拌匀即可。食用时用温开水冲调。

 经验分享

秋梨膏的浓度可以自己喜好决定，喜欢浓稠就多熬一会儿，喜欢稀淡就少熬一会儿。蜂蜜一定要等到秋梨膏冷却之后再添加，以免高温破坏蜂蜜中的营养。

莲子香菇火腿汤

原料 绿竹笋200克，鲜香菇4朵，素火腿100克

调料 盐少许

做法

1.竹笋去壳，放入锅中加水煮去涩味，捞出，与素火腿均切片；香菇洗净，去蒂，切片。

2.将所有材料放入圆盅，加入盐调味，倒入热水至全满，移入蒸笼中，大火蒸40分钟即可。

 经验分享

莲子味甘、涩，性平，具有健脾养胃、镇定安神、补中益气、聪耳明目的功效。以莲子为料煲制的此汤有安心养神、收敛浮火的作用，为滋补元气的珍品。

补钙餐

黄豆海带鱼头汤

原料 鱼头1个，海带丝50克，泡发的黄豆适量，枸杞少许，葱1根，姜1小块

调料 高汤适量，盐、植物油各适量，胡椒粉、料酒各少许

做法

1. 鱼头去鳃洗净；葱洗净切段；生姜洗净去皮切片；枸杞洗净。

2. 锅内放油烧热，放入鱼头，用中火煎至表面稍黄，盛出。

3. 把鱼头、海带丝、泡黄豆、枸杞、生姜、葱放入瓦煲内，加入高汤、料酒、胡椒粉，加盖，小火煲50分钟。

4. 去掉葱段，调入盐，煲10分钟即可。

经验分享

这是一道很好的开胃菜，对于经常吃清淡口味的准妈妈来说，会有新鲜的感觉。

山药芝麻粥

原料 新鲜山药50克，大米50克，牛奶1杯，熟黑芝麻50克

调料 白糖少许

做法

1. 将山药削去皮，切成小块，装到一个干净的小碗里，放到锅里蒸熟。

2. 大米淘洗干净，放入锅中，加入适量清水，煮粥。

3. 待粥快好时，放入蒸熟的山药和炒熟的芝麻，倒入牛奶，煮约10分钟即可。

经验分享

芝麻里含钙丰富，山药能促进钙质吸收。二者搭配是准妈妈的补钙佳品。

香蕉乳酪糊

原料 香蕉1根，乳酪50克，鸡蛋1个，胡萝卜1小段

调料 牛奶适量

做法

1. 将鸡蛋煮熟，取出蛋黄，压成泥状；香蕉去皮，切成小块，用汤匙捣成泥；胡萝卜去皮洗净，放到锅里煮熟，磨成泥。

2. 将蛋黄泥、香蕉泥、胡萝卜泥和乳酪混合，加入牛奶，调成糊状。

3. 锅置火上，倒入调好的糊，煮开即可。

经验分享

这道香蕉乳酪糊含钙非常丰富，且易于消化吸收。

肉末香菇炒青豆

原料 五花肉100克，青豆150克，香菇5朵

调料 花椒粉半汤匙，蚝油1汤匙，生抽1汤匙半，葱、姜少许

做法

1.葱、姜切末；五花肉切成末，加适量蚝油、生抽和花椒粉拌匀；香菇切成丁。

2.锅里倒油烧热，放入葱、姜末，小火炒香；放入肉末，煸炒至肉末表面微焦。

3.放入香菇丁，翻炒至变软；放入青豆；再倒入少量生抽和水。

4.大火烧开后转中火煮至汤汁收干即可。

经验分享

肉末煸炒至表面微焦，五花肉里面的油才能被煸出来，吃起来就不会腻。

什锦牛骨汤

原料 牛骨500克，红萝卜250克，西红柿100克，紫甘蓝100克，洋葱1个

调料 黑胡椒5粒，盐适量

做法

1.将牛骨斩成大块洗净，放入开水中煮5分钟左右去血水，取出冲净；红萝卜去皮，切成大块；西红柿洗净切成4块；紫甘蓝洗净切成大块；洋葱去皮，切大块。

2.锅置火上，放油烧热，改成小火，放入洋葱炒香，加入适量水烧开。

3.加入其他原料和黑胡椒，煮2个小时左右，加入盐调味即可。

经验分享

骨头还可以用白萝卜、蘑菇、粉丝等材料来炖，吃菜喝汤，别有风味。

补维生素餐

菠菜柳橙汁

【原料】 菠菜50克，柳橙1个，苹果半个，胡萝卜小半根

【做法】

1.将菠菜洗净，用开水氽烫；柳橙洗净，带皮切丁；胡萝卜与苹果洗净，切碎。

2.将上述所有材料放入榨汁机中，按1：1的比例加水，榨成汁即可。

这道柳橙汁含有丰富的维生素B_1。如果准妈妈觉得不够甜，可加适量蜂蜜。

桃仁拌莴苣

【原料】 莴苣300克，核桃仁20克

【调料】 香油1小匙，盐半小匙，鸡精少许

【做法】

1.将莴苣去皮洗净，切成厚片，在每片中间竖切一个口，但保持不断；核桃仁洗净切成条。

2.锅中加适量清水烧沸，放入莴苣片、核桃仁氽烫至变色后捞出。

3.把莴苣片中间开口处撕开，将桃仁嵌入莴苣片中，再放入盘中，加入盐、香油、鸡精拌匀即可。

莴苣味道清新且略带苦味，可刺激消化酶分泌，增进食欲，所含的膳食纤维，还可促进肠胃蠕动，防治便秘。

胡萝卜香橙汁

【原料】 橙子2个，胡萝卜2根

【做法】

1.将橙子去皮；胡萝卜去皮，洗净，切成小块。

2.将橙子和胡萝卜一起放入榨汁机中榨成汁即可。

这道蔬果汁能够起到清洁身体和提高身体能量的作用。吃橙子前后1小时内不要喝牛奶，因为牛奶中的蛋白质遇到果酸会凝固，影响消化吸收。

常见饮食与营养问答

Q1: 准妈妈如何保证饮食均衡

为了保证吃得均衡，准妈妈每天要吃的食物至少要在20种以上。这听起来有点多，但实际上很容易做到，因为每一道菜都需要几种材料搭配。参照下面的列表，每一类食物每天选一样即可。

主食类	小米、大米、高粱米、糯米、黑米、小麦面、玉米面、燕麦面、荞麦面、豆面等米面类任选一种。红豆、绿豆、芸豆、青豆、黑豆等豆类任选一样。
肉蛋类	鸡蛋、鸭蛋、鹅蛋、鹌鹑蛋等蛋类任选一种。鲤鱼、草鱼、鲫鱼、鲈鱼、鳜鱼、带鱼、黄花鱼、蟹类、虾类、贝壳类、猪肉、牛肉、羊肉等各种禽类任选一种。
蔬菜类	芹菜、白菜、生菜、甘蓝、油菜、菠菜、茼蒿、荠菜、茴香、木耳菜、莴笋叶、香椿等任选一种。红萝卜、白萝卜、胡萝卜、绿萝卜等任选一种。西红柿、豆角、辣椒、土豆、蘑菇、茄子、菜花、莲藕等任选一种。黄瓜、丝瓜、苦瓜、南瓜、冬瓜、西葫芦等任选一种。
水果类	苹果、香蕉、梨、桃子、橘子、柚子、樱桃、枇杷、石榴、大枣、西瓜、甜瓜、葡萄、草莓、柿子、火龙果、猕猴桃、荔枝、桂圆、木瓜等任选两种。
干果类	花生、核桃、葵花子、西瓜子、南瓜子、栗子、松子、腰果、开心果、杏仁、干枣等任选两种。
奶类	牛奶、羊奶、酸奶等任选一种。
豆制品类	豆腐、豆浆、豆皮、豆干等任选一种。
油脂类	橄榄油、花生油、大豆油、玉米油、葵花子油、芝麻油、奶油、黄油等任选一种。
调料类	葱、姜、蒜、盐、糖、酱油、醋、淀粉、料酒、辣椒、大料等任选4种。
饮用水类	白开水、矿泉水中任选一种，但最好还是多喝白开水。

Q2: 准妈妈临产前应该怎么吃

临产前，准妈妈一般心情比较紧张，不想吃东西，或吃得不多，所以，准妈妈饮食必须讲求质量。多吃热量高、营养价值高的食物，如鸡蛋、牛奶、瘦肉、鱼虾和大豆制品等。食物少而精，还可以防止胃肠道充盈过度或胀气，有利于顺利分娩。另外，分娩过程中消耗水分较多，临产前应多吃些含水分较多的半流质软食，如面条、大米粥等。

　　另外，有些民间的习惯是在临产前让准妈妈吃白糖或红糖煮鸡蛋，或吃碗肉丝面、鸡蛋羹等，这是很有道理的，准妈妈也可以在临产前吃一点。还有一点需要注意的是，临产前不宜吃油腻过大食物，如油煎、油炸的食品。

Q3：产前吃巧克力和鸡蛋会增强产力吗

　　准妈妈在临产前要多补充些热量，以保证有足够的力量促使子宫口尽快开大，顺利分娩。当前很多营养学家和医生都推崇巧克力，因为它营养丰富，含有大量的优质碳水化合物，而且能在很短时间内被人体消化吸收和利用，产生出大量的热能，供人体消耗。而且巧克力体积小、发热多，香甜可口，吃起来也很方便。所以，建议准妈妈在临产前吃一两块巧克力。

准妈妈临产时吃一些高热量食物，有助于增加产力

　　产前准妈妈不宜盲目大量进食鸡蛋。多吃浪费是小事，由于加重了胃肠道的负担，还可能引起"停食"、消化不良、腹胀、呕吐，甚至更为严重的后果。准妈妈吃1~2个鸡蛋足够，可再配些其他营养品。

Q4：分娩前准妈妈喝些什么汤好

　　如果产前在饮食上做一些准备，分娩时以至月子里都会给准妈妈带来很多益处，以下两款菜肴是专为临产前的准妈妈量身打造的，不妨试一试。

养肝汤

　　原料：红枣7颗
　　制作：每天取红枣7颗洗净，在每颗红枣上用小刀划出7条直纹，这样可以帮助养分溢出，然后用热开水280毫升浸泡8个小时以上，接着再加盖隔水蒸1个小时即可。

　　特别提示：养肝汤既可帮助准妈妈排解麻醉药的毒性，还可减轻刀口疼痛，特别适合剖宫产的准妈妈。不论自然产或剖宫产，需在产前10天开始喝，每天喝280毫升，冷热皆可，一日分2~3次喝完。养肝汤虽好，但不能太早喝，以免上火。同样，红枣数量也不能多，7颗刚刚好，吃多了也会上火。

原料：大鱼头1个，五花肉、香菇少许，姜丝、豆腐、大白菜、盐、植物油各适量

制作：五花肉、香菇切丝，鱼头用油煎到半熟；锅里放少许油加热后，放进五花肉、香菇丝、姜丝爆香；再放入大白菜、豆腐、鱼头及水炖半小时，加少量盐即可。

特别提示：这道汤里可加入粉丝或面条，最好用土锅或陶锅来炖煮。鱼头里钙质含量非常丰富，如果和大骨汤、鸡骨汤轮流食用，可以更好地帮助准妈妈增加体力。

Q5：吃什么可以增加产力，让分娩更顺利

分娩前期的饮食安排得当，除了能补充身体的需要外，还能增加产力，以供给整个产程足够的能量，让准妈妈顺利分娩。

产程分为三个阶段，即第一产程、第二产程和第三产程。第一产程，指临产到宫口开全。这一阶段，时间比较长，不断有阵痛，准妈妈的睡眠、休息、饮食都会受影响，因此食欲较差。但是，为了确保有足够的精力完成分娩，准妈妈应尽量进食。食物以半流质或软烂的食物为主，如鸡蛋挂面、蛋糕、面包、粥等。

第二产程，指宫口开全到胎儿娩出。这一阶段子宫收缩频繁，疼痛加剧，所以消耗的能量增加。准妈妈应尽量在宫缩间歇喝一些果汁，吃点藕粉、红糖水等流质食物以补充体力。一旦进入正式分娩，准妈妈就不能再进食或饮水了。

第三产程，指娩出胎盘的过程，基本不费什么力就可以完成了。准妈妈在生产完后，要听从医生嘱咐适时适量进餐，补偿消耗的能量即可。

Q6：剖宫产前后需要注意哪些饮食禁忌

1.剖宫产术前不宜滥用高级滋补品，如高丽参、西洋参等，以及鱼类食品。因为参类含有人参甙，具有强心、兴奋作用，在手术时，准妈妈难与医生配合，且刀口较易渗息，影响手术正常进行和术后休息。鱼类体内含有丰富的有机酸物质——ＥＰＡ，它能抑制血小板凝集，不利术后止血与创口愈合。

2.剖腹手术，为了减轻肠内胀气，准妈妈在术后6小时内应当禁食，6小时后宜服用一些排气类食物（如萝卜汤等），以增强肠蠕动，促进排气，并使大小便通畅。易发酵产气的食物有糖类、黄豆、豆浆、淀粉等，准妈妈要少吃或不吃，以防腹胀。

3.当准妈妈排气后，饮食可由流质改为半流质，食物宜富有营养且易消化。如蛋汤、烂粥、面条等，然后依准妈妈体质，饮食再逐渐恢复到正常。术后不久的新妈妈，应禁忌过早食鸡汤、鲫鱼等油腻肉类汤和催乳食物，可在术后7~10天再食用。

RART12 产后1～6周，
饮食兼顾哺乳和身体恢复

产后身体恢复

顺产后第一周

体重： 分娩后，由于胎儿、胎盘、羊水等被排出体外，新妈妈的体重会减少5千克左右。

阵痛： 阵痛从第3天开始逐渐减轻。经历了会阴侧切的妈妈，侧切伤口的疼痛感会在分娩4～5天后逐渐消退。

恶露： 恶露量在分娩当天和第2天较多，此后逐渐减少。1周后，与平时的月经量差不多。产后3～4天的恶露为血性恶露，呈血液颜色，无异味，有血腥味，量较大，但不超过平时的月经量。如果恶露量过大，请及时咨询医生。

子宫： 分娩1周后，子宫缩小，差不多会缩得跟一只拳头一样大，位置也会下降，从肚脐处下降到耻骨处。

注意事项： 产后1周时间内，新妈妈大多数时候会觉得倦怠，需要多多卧床休息。另外，由于分娩导致激素急剧变化，新妈妈的情绪受到影响，容易大起大落，部分新妈妈甚至患上抑郁症。所以新妈妈要注意在这一周尽量保持平静的心态，以预防产后抑郁症。

充分休息

分娩第一周新妈妈要充分休息，注意营养，以帮助身体快速恢复。待3天后疼痛缓解，自我感觉没那么累了，就可下床稍微走动一下，或在床上做做体操。同时也可给乳房做一下按摩，以促进乳汁的分泌，并预防急性乳腺炎。待医生做完全身检查后，新妈妈就可出院了。

顺产后第二周

体重： 随着恶露的排除，以及尿量的增加、出汗和母乳分泌等因素，新妈妈的体重还会有一定的下降，具体减重量因人而异。

恶露： 进入本周后，新妈妈的恶露量会逐渐变少，颜色也由鲜红色逐渐变浅为浅红色，直至咖啡色。恶露中的血液量减少，浆液增加，成为浆液恶露（一般发生于产后5～10天）。如果本周新妈妈排出的恶露仍然

补充营养，促进乳汁分泌

顺产后第二周，大部分新妈妈乳汁开始正常分泌，这时的宝宝每天需要大约50毫升奶水，新妈妈在这一周可以适当喝一些有催乳功效的汤粥。同时仍需坚持乳房按摩，宝宝吃不完，多余的母乳也要及时挤出。

为血性，并且量多，伴有恶臭味，有可能发生了宫腔感染，请及时咨询医生。

子宫：新妈妈的子宫位置在继续下降，并逐渐下降回盆腔中，子宫本身也在变小，大约缩小至棒球大小。

💟 顺产后第三周

恶露：进入本周之后，大多数新妈妈的浆液恶露会逐渐变成白色恶露，但量会比白带大。

子宫：子宫继续收缩中，子宫的位置已经完全进入盆腔里，在外面用手已经摸不到了。不过，宫颈口还没有完全闭合，所以新妈妈仍需要注意阴部的卫生。

母乳：经过两周的哺育实践，大多数新妈妈逐渐熟悉了喂养宝宝的规律，乳汁也开始变得越来越流畅。

注意事项：这周新妈妈精神欠佳的状况会有所改善，新妈妈可做一些简单的家务，但应避免长时间站着或集中料理家务。

💟 顺产后第四周

恶露：大多数新妈妈的恶露此时已经排干净，开始出现正常的阴道分泌物——正常颜色的白带。

子宫：子宫的体积、功能仍然在恢复中，只是新妈妈对此已经没有感觉。一般来说，子宫颈在本周会完全恢复至正常大小。同时，随着子宫的逐渐恢复，新的子宫内膜也在逐渐生长。如果本周新妈妈仍有出血状况，很可能是子宫恢复不良，需要咨询医生。

分娩4周后，身体恢复得好的新妈妈，已经可以出门呼吸新鲜空气了。在天气适宜的时候，还可以偶尔带着宝宝到户外走走，但在户外待的时间不要过长。

顺产后第五周

白带：正常情况下，新妈妈的恶露此时已经全部排出，白带开始正常分泌。如果此时新妈妈仍有恶露排出，就不太正常，需要咨询医生。

子宫：随着子宫的进一步恢复，其重量已经从分娩后的1000克左右减少为大约200克。

阴道：一般在产后1周左右，阴道就会恢复至分娩前的宽度或可能比分娩前略宽，但直到分娩4周后，阴道内才会再次形成褶皱，外阴部也会恢复到原来的松紧度。骨盆底的肌肉此时也逐渐恢复，接近于孕前的状态。

排尿量：此前的几周内，新妈妈由于孕期在体内滞留了大量水分，所以尿量比孕前明显增多。进入本周之后，随着身体的恢复，一般新妈妈的排尿量会逐渐恢复到正常水平。

产后检查

产后42～56天，妈妈需要接受产后检查，宝宝也需做出生后第一次身体检查。另外，要提醒新妈妈，此时仍要避免提重物，也不要伸手拿高处物品，不要长时间蹲着，以免造成子宫脱垂。

顺产后第六周

子宫：产后第6周，宫颈口已经恢复闭合到产前程度，理论上来说，本周之后新妈妈已经可以恢复性生活了。

月经：有些不用母乳喂养的新妈妈，可能在本周已经恢复月经。母乳喂养的新妈妈一般月经恢复要较迟一些。研究资料显示，40%进行人工喂养的妈妈在产后6周恢复月经，而大多数母乳喂养的妈妈则通常要到产后18周左右才完全恢复，有些甚至到产后1年左右才恢复。

妊娠纹：有妊娠纹的新妈妈会发现妊娠纹颜色逐渐变淡了，这是腹壁松弛状况逐渐改善的表现。最终，妊娠纹会淡至银白色，不仔细看都不会发现。

可以恢复性生活

若身体无异常情况，且恢复得较好，这周之后新妈妈就可恢复性生活了，不过仍然要节制，另外应实施避孕措施。

剖宫产后

剖宫产的疼痛感主要集中在产后，分娩时打的麻醉剂，在分娩后，药效就消失了，所以新妈妈此时就会感觉腹部剧烈疼痛。这是剖宫产后最明显的感觉。

不过，用麻醉剂的方法不同，也会让新妈妈的痛感有一些差异。如果在剖宫产时，使用的是硬膜外麻醉或者腰麻，麻醉师可能会再加一些吗啡，这样可以在产后长达24小时的时间里，新妈妈都不会感觉明显疼痛。有些麻醉师在手术后会把硬膜外管留置12～24小时，以便新妈妈在疼痛剧烈时，能通过硬膜外管内给药以缓解疼痛，一般也可以控制疼痛。一旦这样的局部麻醉不能再提供足够的镇痛作用，医生就会给新妈妈使用全身性镇痛剂了，一般是含有麻醉剂的药片。

如果新妈妈在手术时使用的是全身麻醉，或者是腰麻或硬膜外麻醉，但在手术后，没有注射吗啡，那么在术后医生会立即给新妈妈再用全身的麻醉剂。医生可能会给新妈妈每3～4小时注射一次镇痛剂，或者建议新妈妈使用止痛泵。在这个过程中，只要感觉不舒服，或感到疼痛，就可以开口，请求医生的帮助，采取措施镇痛，不要觉得不好意思。如果默默地忍受疼痛，可能会越来越难忍受。

另外，手术后，剖宫产的新妈妈可能会觉得头重脚轻。有的新妈妈还会感到恶心，恶心有时可持续48小时。很多妈妈还会觉得全身瘙痒，特别是使用硬膜外麻醉或腰麻剖腹的新妈妈更是如此。出现以上任何一种情况，都可以告诉医生，医生会给你用一些药缓解不适。

至于恶露的情况与子宫的恢复情况，以及其他身体变化和恢复性生活的时间，都基本与顺产妈妈的情况差不多，请参看上面的内容。

手术后即可进行母乳喂养

剖宫产新妈妈如果打算进行母乳喂养，做完手术进病房后就可以开始了，不过要注意不要压迫到伤口。可以向护士请教正确的喂奶姿势，一般侧卧位喂奶，或者像夹橄榄球一样把宝宝夹在腋下喂奶，都对伤口没有影响。另外要注意，准备母乳喂养的剖宫产新妈妈，不要服用阿司匹林或含有水杨酸制剂的药物镇痛，服用止痛药必须征得医生的同意。

♥ 剖宫产疤痕的恢复情况

剖宫产的手术切口为10.2厘米～15.2厘米长，0.32厘米宽，表面愈合后会形成疤痕，起初疤痕会有轻微的鼓起、肿胀，颜色也比正常的肤色深，但是术后6周之内，疤痕会明显收缩。随着切口部位逐渐恢复，疤痕的颜色会逐渐接近你的肤色，而且会缩窄至0.2厘米宽。

剖宫产疤痕通常在腹部下方较低的位置，这一部位的疤痕最终会被新妈妈的阴毛遮挡，多半远在新妈妈的内裤腰带的下方，大多数不影响美观。愈合过程中，伤口可能会感到痒，但不要用手抓挠，可以用温水或酒精擦洗伤口周围。

营养需求变化

蛋白质、脂肪、碳水化合物

母乳喂养的妈妈由于需要兼顾自身恢复和婴儿的营养与健康，一般来说对食物营养的需求要比孕前和怀孕时以及人工喂养的妈妈稍高一些，大概每天需要摄入3000卡～3500卡热量。而人工喂养的妈妈一般只要摄入2400卡～2600卡的热量就可以满足需要了。

要提醒妈妈的是，热量虽然是促进乳汁分泌的重要因素之一，也并不是摄入得越多，乳汁的分泌就越充足，还要看可以提供热量的各种营养素之间的比例是不是合理。一般来说，哺乳期妈妈所需要的热量供给比例是：碳水化合物提供占总热量的55%～60%，脂肪提供占总热量的25%～27%，蛋白质提供占总热量的13%～15%。五谷、淀粉、土豆、红薯等食物中含有丰富的碳水化合物，鱼、瘦肉、鸡蛋、牛奶、大豆等食物中含有丰富的蛋白质，各种肉类、奶类、蛋类、芝麻、花生、坚果等食物中含有丰富的脂肪，都是可以为新妈妈提供热量的食物，要合理搭配，均衡摄取。

不管是母乳喂养还是人工喂养，抑或是混合喂养，月子期间最主要的饮食原则是营养均衡。应尽量做到食物种类齐全，不偏食、不挑食。除了吃主食——谷类食物外，副食应多样化，一日以4～5餐为宜。另外，主食不能只吃精细米、面，最好搭配些粗粮，适量的粗粮，可以为妈妈提供较多的膳食纤维和维生素，有利于妈妈产后的新陈代谢。

牛奶等奶制品很适合产后妈妈食用，可以补充营养和水分，帮助乳汁分泌

维生素、矿物质

钙：怀孕期间身体的钙流失较严重，产后哺乳还会流失较多的钙，所以产后缺钙现象较多，低钙症状的发生率达60%，产后骨质疏松症的患病率达10%以上。所以月子里需要补充充足的钙质。如果出现牙齿松动、怕凉，甚至脱落，小腿抽筋，腿脚无力等症状，更要注意补钙，或者可以咨询医生，用钙剂进行补充。

另外，钙对哺乳期的妈妈和宝宝有独特的作用。它是体内多种酶的激活剂，如果妈妈体内钙缺乏时，蛋白质、脂肪、碳水化合物就不能被充分利用，就会出现乳汁不足的现象。而宝宝缺钙的话，情况会更严重，会引发多种不良症状。

建议妈妈产后多吃豆腐、鸡蛋、鱼和牛奶，这些食物都含有大量的钙，一般来讲食用100克左右豆制品，就可摄取到100毫克的钙，100克牛奶可以摄取到105毫克的钙。另外，可以多食用乳酪、海米、芝麻或芝麻酱、西蓝花及甘蓝等，这些食物中的钙含量也比较高。

铁：铁是构成血液中血红蛋白的主要成分，由于妈妈在妊娠期扩充血容量及供给胎儿需要，约半数的孕妇会患上缺铁性贫血，分娩时的失血，也会丢失大约200毫克的铁，所以产后的妈妈特别需要补铁。母乳喂养的妈妈，因为还要提供一部分铁给宝宝，所以对铁的需求量会更多。所以，不管是母乳喂养的妈妈还是人工喂养的妈妈都应在膳食中多加些鸡蛋黄、猪血、黑木耳、红枣、动物肝、红糖、豆制品等含铁多的食物。一般建议产后新妈妈每日补铁15毫克。

维生素：维生素是人体不可缺少的营养成分。产后新妈妈膳食中各种维生素必须相应增加，才能维持自身健康，促进乳汁分泌，并保证供给婴儿的营养成分稳定，满足婴儿的需要。每日维生素的供给推荐量为：1200微克维生素A，10微克维生素D，10毫克维生素E、21毫克维生素B_1，21毫克维生素B_2，21毫克维生素PP、100毫克维生素C，理论虽然复杂，实践起来倒一点儿不难，妈妈只要适当多吃蔬菜、水果就可以了。

新妈妈产后一日饮食方案

❤ 产后1~3天

　　全日提供蛋白质99.5克，脂肪63.1克，碳水化合物362.7克，总热量2361千卡，满足产后1~3天妈妈的营养需求，可据此调换同类营养素种类。

早餐：肉丝挂面汤+炒芹菜

7:00~7:30

加餐：蒸鸡蛋羹

9:30~10:00

午餐：大米绿豆稀饭+鸡蛋+炒菠菜

12:00~12:30

加餐：豆腐脑100克+橘子100克

15:00~15:30

晚餐：小米稀饭+白菜炖豆腐+紫菜汤

18:00~18:30

加餐：玉米面粥+芝麻糊+牛奶150克

21:00

❤ 产后3~30天

　　全日提供蛋白质114.8克，脂肪87.2克，碳水化合物424.8克，总热量为3068千卡，因此时妈妈开始泌乳哺乳，因此生理需求量增大，此食谱可以满足需要，也可调换同一营养素种类。

早餐：面包+牛奶+鸡蛋

7:00~7:30

加餐：广柑50克

9:30~10:00

午餐：西红柿牛肉面

12:00~12:30

加餐：牛奶250毫升+橘子100克

15:00~15:30

晚餐：大米200克+虾皮炒油菜+鸡肉炒黄豆

18:00~18:30

产后补血益气餐

当归大枣鸡

原料 当归10克，红枣6粒，鸡腿肉60克

做法

1. 将鸡腿洗净，切块，放入开水中汆烫一下。

2. 把当归、红枣、鸡肉一起放入炖锅中。

3. 加水适量，炖煮1小时即可。

当归可以补血，可帮助新妈妈滋养产后虚弱的身体。

阿胶糯米粥

原料 糯米100克，阿胶50克

调料 红糖适量

做法

1. 阿胶擦洗干净，捣碎；糯米淘洗干净，用清水浸泡约2小时。

2. 锅内放入清水、糯米，先用大火煮沸后，再改用小火熬煮成粥。

3. 下阿胶拌匀，再用红糖调味即可。

此粥滋养补血，能固表止汗，缓解气虚所导致的盗汗、产后腰腹坠胀、因劳动损伤后气短乏力等症状。

花生红枣莲藕汤

原料 猪骨250克，莲藕200克，花生100克，红枣10粒，生姜1块

调料 盐适量，料酒少许

做法

1. 将花生洗净；猪骨洗净，剁成块；莲藕去皮，切成片；红枣洗净；生姜切丝。

2. 锅中放入适量清水，烧开，放入猪骨，去血水，捞起用凉水冲洗干净。

3. 将猪骨、莲藕、花生、红枣、姜丝一同放入炖锅中，加入适量清水，加盖炖约2.5小时，加盐、料酒，即可食用。

莲藕含铁量高，对缺铁性贫血有食疗作用；红枣也是补血佳果。这道汤非常适合产后的新妈妈食用。

红豆红枣乌鸡汤

原料 乌鸡半只，红豆50克，红枣5粒，荸荠适量，葱少许，生姜1块

调料 高汤、盐各适量，料酒1大匙，鸡精、胡椒粉各少许

做法

1.红豆用温水泡透，乌鸡切成块；荸荠去皮，生姜去皮切片，葱切段。

2.锅内烧水，待水开时，投入乌鸡，用中火煮3分钟至血水尽时，捞起冲净。

3.将红豆、乌鸡、红枣、荸荠、生姜放入砂锅，放入高汤、料酒、胡椒粉，加盖，用中火煲开，再改小火煲2小时。

4.最后加入盐，继续煲15分钟，放入鸡精、葱段即可。

经验分享

红豆不但健脾益胃、利尿消肿，最主要的功能是能补血，搭配乌鸡煲汤，是一味补血养虚、调经止带的最佳食物中药。

山药红枣炖排骨

原料 山药250克，红枣6颗，排骨250克，生姜2片

调料 盐适量

做法

1.山药去皮、切小块；排骨洗净，氽烫，去血水。

2.锅中加清水煮滚后，加入排骨、山药煮数分钟。

3.快煮好时，放入红枣、姜片及盐，稍煮一下即可。

经验分享

新妈妈在产后身体多会比较虚弱，体虚则消化吸收功能比较差，而且产后妈妈多有胃寒的情况，时常感到口淡、食欲缺乏。不妨多煮些富有营养的汤来喝，既易于消化，又可促进食欲。

豆浆小米粥

原料 小米200克，黄豆100克

调料 蜂蜜适量

做法

1.将黄豆泡好，加水磨成豆浆，用纱布过滤去渣。

2.小米淘洗后，用水泡过，磨成糊状，也用纱布过滤去渣。

3.在锅中放水，烧沸后加入豆浆，再沸时撇去浮沫，边下小米糊边用勺向一个方向搅匀，开锅后撇沫。

4.熟后稍放凉，放入蜂蜜搅匀即可。

经验分享

小米具有健脾和中、益肾气、补虚损等功效，产后多吃很有益处。

通乳下奶餐

乌鸡香菇汤

原料 乌鸡1只（约500克），干香菇50克，大葱、生姜片各适量

调料 料酒、盐各适量

做法

1.乌鸡宰杀后，去毛，去内脏及爪，洗净；香菇泡发洗净。

2.砂锅加入清水，放生姜片煮沸，再放乌鸡，加料酒、大葱、香菇，小火炖煮至酥烂。

3.加盐调味后煮沸3分钟即可起锅。

 经验分享

此汤补益肝肾，生精养血，养益精髓，下乳。适用于产后缺乳、无乳或乳房扁小、发育不良的妈妈。

当归鱼汤

原料 鳗鱼150克，当归5克，黄芪3克，枸杞3克

调料 香油半小匙

做法

1.将所有材料洗净放入炖锅，加水至盖住全部药材。

2.煮30~40分钟，滴少许香油即可。

 经验分享

建议采用清蒸或者水煮的方式，减少油脂摄取量。如果觉得味道太淡了，可加1小匙盐或加点红糖。

花生卤猪蹄

原料 猪蹄1只，花生米50克，姜片、大葱各适量

调料 料酒、酱油、白糖、盐各适量

做法

1.将猪蹄刮洗干净，斩小块，放入沸水中汆烫去血沫，捞出；花生米放入水中浸泡2小时。

2.砂锅底部铺上姜片和大葱，然后放入猪蹄，加料酒和适量水，大火煮开，转小火炖约1小时。

3.放入泡好的花生米、酱油和白糖再炖煮约50分钟至猪蹄软烂，最后加入适量的盐调味即可。

 经验分享

将姜片和大葱铺满锅底，这样可以有效防止在卤的过程中猪蹄粘锅。

鲫鱼炖木瓜

(原料) 鲫鱼1条，木瓜半个，红枣10颗，姜2片

(调料) 料酒、盐、味精、植物油各适量

(做法)

1.将鲫鱼处理干净，撕去腹内黑膜，再彻底清洗干净；木瓜去皮，切成块，红枣去核，冲洗干净。

2.锅置火上，放油烧热，放入姜片煸香，加入鲫鱼稍微煎一下。

3.另起锅加油烧热，加水烧开后放入鲫鱼、木瓜、红枣、料酒，烧开锅后用小火煲两个小时，加盐、味精调味即可。

 经验分享

木瓜有催奶的效果，乳汁缺乏的妈妈食用此汤可增加乳汁。要提醒妈妈的是，木瓜一定要煮熟了吃，生吃不但无效，还对身体恢复不利。

莴苣猪肉粥

(原料) 莴苣30克，猪肉150克，粳米50克

(调料) 味精、盐、酱油、香油各适量

(做法)

1.莴苣去皮，用清水洗净，切成细丝；粳米淘洗干净。

2.猪肉洗净，切成末，放入碗内，加少许酱油、盐腌10~15分钟。

3.锅置火上，加适量清水，放入粳米煮沸，加入莴苣丝、猪肉末，改文火煮至米烂汁黏时，放入盐、味精、香油，搅匀，稍煮片刻即可食用。

 经验分享

莴苣含莴苣素、乳酸、苹果酸、维生素C、蛋白质、粗纤维、钾、钙、磷、铁等，有通乳汁、利小便的功效。

银耳木瓜粥

(原料) 糙米200克，青木瓜150克，银耳50克，枸杞10克

(调料) 盐少许

(做法)

1.糙米洗净，浸泡30分钟；银耳以水浸泡至软，去蒂，撕成小朵；木瓜去皮、子，切小丁。

2.糙米放入锅内，加水煮沸后改小火煮约10分钟，加银耳及枸杞，再煮约5分钟。

3.加入木瓜，继续以小火煮约15分钟，后加盐调味，加盖焖10分钟即可。

 经验分享

木瓜中含量丰富的木瓜酵素和维生素A，可刺激女性荷尔蒙分泌，帮助乳腺发育，可以促进通乳，适合产妇食用。

塑身美体餐

田七红枣炖鸡

原料 鲜鸡肉200克(去皮)，田七5克，红枣4颗，姜1片

调料 盐少许

做法

1.鸡肉切成大块，放入沸水中汆烫，捞出，沥干水；红枣用水泡软，洗净去核；田七切成薄片，稍冲洗一下。

2.把所有材料一起放入砂锅中，加适量开水，大火炖2小时左右；加盐调味即可。

经验分享

田七能降低胆固醇和甘油三酯；鸡肉脂肪含量很低，而且营养易吸收。

菠菜玉米粥

原料 菠菜100克，玉米糁100克

做法

1.将菠菜洗净，放入沸水锅内汆烫，捞出过凉后，沥干水分，切成碎末。

2.锅置火上，加入适量清水，烧开后，撒入玉米糁，边撒边搅，煮至八成熟时，撒入菠菜末，再煮至粥熟即可。

经验分享

玉米有利尿作用，并能消除水肿，菠菜是养颜佳品，两者搭配既能减肥瘦身，又不会影响产后妈妈的健康。

产后饮食与营养问答

Q1：产妇坐月子时饮食有什么要求吗

产后妈妈的胃肠功能还没有恢复正常，为了不给肠胃加重负担，可以少吃多餐，一天吃5～6次。另外，月子饮食还需遵循以下四大原则：

◎稀，指水分要多一些：产后新妈妈要多补充水分，一是有利于乳汁的分泌，二是可以补充新妈妈月子期间因大量出汗和频繁排尿所流失的水分。含水分的食物，如汤、牛奶、粥等，可以多吃些。

◎软，指食物烧煮方式应以细软为主：给新妈妈吃的饭要煮得软一些，因为新妈妈产后很容易出现牙齿松动的情况，吃过硬的食物对牙齿不好，也不利于消化吸收。

◎精，指量不宜过多：产后过量的饮食除能让新妈妈在孕期体重增加的基础上进一步肥胖外，对于身体恢复没有半点好处。如果新妈妈是用母乳喂养婴儿，奶水很多，食量可以比孕期稍增，但最多也只能增加1/5的量；如果新妈妈的奶量正好够宝宝吃，则与孕期等量即可；如果新妈妈没有奶水或是不准备母乳喂养，食量和非孕期差不多就可以了。

◎杂：是指食物品种多样化：虽然食物的量无须大增，但食物的质却不可随意。新妈妈产后饮食应注重荤素搭配，进食的品种越丰富，营养越均衡，对新妈妈的身体恢复就越好。除了明确对身体无益和吃后可能会引起过敏的食物不能吃外，荤素菜的品种应尽量丰富多样。

Q2：月子期间禁忌的食物有哪些

1.寒凉生冷食物。新妈妈产后身体必定会气血亏虚，因此在坐月子期间要多吃温补食物，以利气血恢复。避免食用生冷或寒凉食物，因这类食物会不利气血的充实，容易导致脾胃虚弱，从而形成消化吸收功能障碍，而且也会影响恶露的排出和瘀血的去除。

2.辛辣食物。新妈妈产后若进食过多辛辣食物，会伤津、耗气、损血，加重气血虚弱，并容易导致便秘。辛辣进入乳汁后对宝宝也不利。

3.刺激性食物。产后常喝浓茶、咖啡、酒精等刺激性食物会影响新妈妈的睡眠及肠胃功能，对宝宝也不利。

4.酸涩收敛食物。新妈妈产后常吃乌梅、南瓜等酸涩收敛食物会阻滞血行，不利恶露的排出。

5.过咸食物。新妈妈产后摄入过多的盐分会导致身体水肿，对减肥消肿不利。

6.麦乳精。麦乳精是以麦芽作为原料生产的，含有麦芽糖和麦芽酚，而麦芽对回奶十分有效，新妈妈食用过多麦乳精会影响乳汁的分泌。

Q3：产后必须喝生化汤吗

生化汤是产后新妈妈的常用方剂，具有活血化瘀、排出恶露的作用。某些地区甚至将生化汤作为新妈妈产后的必服药方。那么，新妈妈产后都必须喝生化汤吗？

当然不是每个新妈妈产后都必须喝生化汤，虽然生化汤有活血化瘀、排除恶露的作用，但其药性偏温，如果不顾体质，盲目服用，尤其是体质本身偏热的妈妈服用，很有可能适得其反，加重自身不适。可以根据自身的状况来决定服用与否。

如果新妈妈产后恶露不能排出或量少，或色紫暗夹有血块，或出现腹痛、发热、恶露不尽等症，若经医生检查没有其他器官性病变，并经中医辨证属于血虚、血瘀夹寒的状态，可服用生化汤，服用期间还应在医生的指导下随症加减。这种情况，除生化汤外，还可以吃一些红糖，或益母草汤，或产复康等中药调理。但恶露排出无异常的新妈妈没有必要服用生化汤，否则有可能导致恶露排出不尽，不利于子宫的恢复。

下面是生化汤制作方法的简单介绍，妈妈如有需要可以参考一下。

制作方法：生化汤是用煮过的挥发掉酒精的米酒水加几味中药煎成的中药汤，这些中药包括：当归40克（8钱）、川芎7.5克（1.5钱）、桃仁7.5克（1.5钱）、炙甘草7.5克（1.5钱）、炮姜7.5克（1.5钱）、益母草15克（3钱），可以去中药店配齐。

服用方法：自然产：5~7帖、剖宫产：7~14帖，产后3天回家后开始喝。

停用时间：当产后的恶露已经干净，没有血块时即可停止；有感冒、发烧、乳腺炎等症状时也要停止服用。

4：怎样吃既不影响身体恢复又能减重呢

　　怎样吃既不影响身体恢复又能减重？这是爱美的妈妈最关心的问题之一。但是建议妈妈不要太急躁，在产后前几周千万不要减少食物摄入量。不过，可以调整进食顺序，按照餐前先喝一杯水，接着吃蛋白质类食物（肉、鱼、蛋、豆类）适量，接着吃脂肪类食物再来吃蔬菜、水果，最后吃淀粉主食（米、面、马铃薯），这样的进食方法，可以帮助妈妈减少胰岛素的分泌和防止暴饮暴食，对减重有帮助。

　　为什么蛋白质类要先吃呢？因为其营养价值很大，如果蛋白质摄取不足，则人体的瘦肉组织，包括肌肉、内脏会逐渐分解消失。这对健康很不利，故蛋白质的摄入要足够。

　　接着是脂肪，脂肪让人有饱胀感，可以缓和饥饿的感觉，且最不会刺激胰岛素分泌，从这个角度来说有预防长胖的作用。最后吃主食类，是为了防止主食过量，导致胰岛素浓度上升，从而妨碍减肥。

　　注意如果喝汤的话要在饭前喝。忌一边吃饭，一边喝汤，或以汤泡饭，或吃过饭后，再来一大碗汤，这样容易阻碍正常消化。

5：脸上好多黄褐斑，吃什么东西可以祛斑

　　怀孕期间体内卵细胞荷尔蒙分泌增多，造成黑色素细胞繁殖加快，所以大部分新妈妈脸上都会出现这种斑。不过，由妊娠而导致的黄褐斑一般可在产后半年内自行消失。如果长时间不消失，可在医生指导下口服维生素C，一般每次2片，日服3次；或口服复合维生素B，每次0.2克，日服3次，就可以慢慢将之消除。也可以选用中成药，如六味地黄丸、逍遥丸等。不过不可以擅自服用，必须听从医生指导，对症服用才可以。

　　经常吃富含维生素C的食物，如柑橘、柠檬、西红柿、猕猴桃、山楂、新鲜绿叶菜等，可使色素减退，对防治黄褐斑大有益处。

　　黄褐斑比较重的妈妈平时不宜过量食用刺激性食品，如酒、浓茶、咖啡等，此外，敷一些中药面膜或熏蒸，对祛斑也很有帮助。

　　如果排毒无效，黄褐斑久久不消，就要考虑接受以补血为主的治疗。有这种情况的妈妈可以试试下面两则小验方：

　　1.核桃仁30克，牛奶300克，豆浆200克，黑芝麻20克。先将核桃仁、黑芝麻放进食品加工机中磨碎，与牛奶、豆浆调匀，放入锅中煮沸，再加白糖适量，每天早晚各吃1小碗。

　　2.当归10克，川芎10克，赤芍10克，生熟地各15克，白芷10克，女贞子15克，紫草10克。每天1剂，煎2遍和匀，早晚分服。连服1～2个月，可起到养血消斑的作用。

RART13 孕产期不适与
疾病的饮食调养法

孕吐大约在怀孕第5周，即停经40天左右出现，主要表现为早上起床刷牙时，或闻到油腻、煤烟等气味时，感觉到恶心，想吐。

孕吐原因现在还不能完全确定，但不管是什么原因引起的孕吐，都属正常生理现象，一般不会影响准妈妈的身体健康。虽然孕吐会影响食欲，但对胎儿的发育不会有影响。因为在怀孕初期，胎儿主要是处于器官形成阶段，对营养的需求相对较少。准妈妈只需顺其自然，注意少食多餐，尽量保证一定量的食物摄取即可。若无特殊情况，孕吐会在怀孕12周左右自行消失。

但是要提醒准妈妈的是，如果准妈妈孕吐现象比较严重，如出现脱水、晕眩、心跳加速或呕吐次数频繁，不能进食，呕吐物中夹有血丝等，都必须马上去医院。

饮食原则

孕吐会影响准妈妈的胃口，但准妈妈不能因此而拒绝进食，否则会加重孕吐，并导致营养不足。建议准妈妈尽量进食，少吃多餐，可以每2~3个小时进食一次，一天5~6餐，甚至可以想吃就吃。恶心时吃干的，不恶心时喝稀汤。一定要保证每天至少摄入150克碳水化合物。

孕吐大部分发生在晨起时，这是由于很长一段时间没有吃东西导致体内血糖含量降低造成的，因此，准妈妈早晨起床之前应该先吃点含蛋白质、碳水化合物丰富的食物，如温牛奶加苏打饼干，然后再去洗漱，症状就会缓解。早餐一定要吃。

呕吐剧烈时可以尝试用水果入菜，如柠檬、脐橙、菠萝等，增加食欲；也可用少量的醋来增添菜色美味。酸梅汤、橙汁、甘蔗汁等都有缓解孕吐的功效。

晚上的孕吐反应较轻，食量宜增加一些，食物也要多样化。睡前可适量加餐。

有效食材

牛奶、谷类食品、蔬菜、水果、海产品、富含蛋白质的食品、姜、扁豆、甘蔗、橄榄、糯米粥、柚子皮、葡萄干、花生、瓜子、核桃、松子、海苔。

还可尝试一下民间偏方：中药紫苏煎水饮；橙皮煎水饮；吃两片糖姜片；煮清香的竹叶、藿香粥等。

白术鲫鱼粥

 **原料** 鲫鱼30～60克，白术10克，粳米30克

做法

1.鲫鱼去鳞和内脏，洗净备用。

2.将白术洗净，加水煎汁1000毫升。

3.锅中加水、鲫鱼、粳米煮粥，粥熟后加入白术药汁和匀食用。

食疗提示

每日一次，连服3～5天。具有健脾和胃，降逆止吐的功效。适用于脾胃虚弱型恶阻，症见孕后呕恶不食，或食入即吐，浑身无力，倦怠思睡，舌质淡，苔白，脉缓滑。

生地黄粥

 **原料** 大米、地黄各适量

做法

1.将大米淘洗干净。

2.将生地黄洗净后放榨汁机内，榨汁。

3.将大米放入锅中，加适量清水，煮粥，将熟时，加入适量生地黄汁，搅匀食用。

食疗提示

服此药粥时，忌吃葱白、韭菜、薤白及萝卜。

百合小米粥

 **原料** 小米100克，干百合、花生米各50克，红枣6颗

调料 冰糖适量

做法

1.将百合、红枣和花生米洗净用清水泡发；花生去掉外皮。

2.将小米冲洗干净，放入清水中浸泡30分钟。

3.锅内加入适量清水，放入小米和花生搅拌均匀，加盖大火煮沸后，改小火慢煮40分钟，其间不断翻搅，避免小米粘锅。

4.煮至小米粥变得浓稠，再将红枣、百合和冰糖放入小米粥中，加入适量开水稀释粥，以小火继续煮30分钟即可。

食疗提示

百合具有养阴润肺、清心安神的功效；花生有促进胎儿大脑和视网膜发育的作用；小米具有预防孕吐的功效。

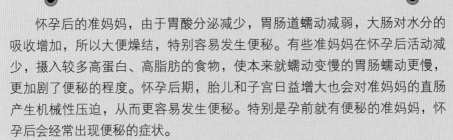

怀孕后的准妈妈，由于胃酸分泌减少，胃肠道蠕动减弱，大肠对水分的吸收增加，所以大便燥结，特别容易发生便秘。有些准妈妈在怀孕后活动减少，摄入较多高蛋白、高脂肪的食物，使本来就蠕动变慢的胃肠蠕动更慢，更加剧了便秘的程度。怀孕后期，胎儿和子宫日益增大也会对准妈妈的直肠产生机械性压迫，从而更容易发生便秘。特别是孕前就有便秘的准妈妈，怀孕后会经常出现便秘的症状。

便秘不仅会给准妈妈带来很多痛苦，还会使体内的毒素增加，造成新陈代谢紊乱和内分泌失调，使准妈妈出现食欲减退、精神萎靡、头晕、皮肤长斑、肤色黯淡等不适。而且便秘的准妈妈，需要经常性地用力排便，还很容易导致痔疮形成。另外，便秘时间过长，还可能导致贫血和营养不良。

⭐ 饮食原则

1.要多喝水，尤其是每日清晨起床后，一定要喝点水，可以喝一杯温水，或1杯热牛奶，或蜂蜜加柠檬水，或1杯芦荟汁，帮助润通肠道，促进排便。

2.多吃一些富含膳食纤维的食物，如粗粮、芹菜、香蕉、红薯等。并增加一定量的能起润滑作用的油脂，建议准妈妈每周吃一次红烧肉，并搭配着芹菜炒腐竹、醋烹豆芽、香菇炒油菜、虾皮烧菠菜等粗纤维多的菜肴。

3.充足的蛋白质能给胃肠以动力，使胃肠蠕动有力量，从而促进肠蠕动。所以，准妈妈可适当摄入优质高蛋白质的食物，如瘦牛肉、瘦猪肉、酸奶等。

⭐ 有效食材

茄子、西红柿、菠菜、韭菜、芹菜、菜花、胡萝卜、红薯、藕、南瓜、芋头、蘑菇、黑木耳、香菇、海带、苹果、木瓜、菠萝、干梅子、无花果、梨、香蕉、柿子、桃、草莓、西瓜等。

不可私自使用药物

如果便秘很严重，也可以服用果导片、麻仁滋脾丸等具有温和通便作用的药物，或使用开塞露、甘油栓等通便；但一定要请教医生，听从医生指导，切不可私自使用泻药，以防发生流产和早产。

韭菜炒豆芽

原料 韭菜100克，绿豆芽100克
调料 花生油30克，酱油、鸡精、香油、盐各适量
做法

　　1.将韭菜彻底洗净，切成寸段；把绿豆芽去尾，洗净。

　　2.锅中放油烧至七成熟，放入绿豆芽和韭菜段一起翻炒，加入酱油、盐再炒几下，最后加入鸡精，淋上香油即可。

食疗提示

　　这道菜的膳食纤维很丰富，可以促进准妈妈肠胃蠕动，从而通便去燥。但韭菜不适合产后哺乳的准妈妈食用，因为其有回乳作用。

魔芋爽口沙拉

原料 大白菜1/4棵，魔芋40克，香菜适量
调料 香油1大匙，醋1大匙，糖1小匙，盐适量
做法

　　1.大白菜剥开洗净，放入开水中汆烫，沥干后切成细丝；魔芋切丝；香菜切细末。

　　2.大白菜丝和魔芋丝入开水中烫熟，捞起沥干。

　　3.将大白菜、魔芋丝和所有的调味料倒入碗中，混合均匀，撒上香菜末即可。

食疗提示

　　大白菜有"菜中之王"之称，营养丰富，含蛋白质、膳食纤维及多种人体必需的矿物质和微量元素。其膳食纤维有利于胃肠的蠕动，促进体内毒素废物的排出，可消除便秘。

红薯粥

原料 红薯1个，粳米100克
调料 白糖适量
做法

　　1.将新鲜红薯洗净，连皮切成小块。

　　2.粳米淘洗干净，用冷水浸泡半小时，捞出沥水。

　　3.将红薯块和粳米一同放入锅内，加入约1000毫升冷水煮至粥稠，依个人口味酌量加入白糖，再煮沸即可。

食疗提示

　　胃溃疡、胃酸过多、糖尿病准妈妈不宜食用红薯；且红薯忌与柿子、西红柿、白酒、螃蟹、香蕉同食。

水肿

　　很多准妈妈都会出现水肿，怀孕七八个月后，水肿的症状会更加明显。这是由于胎儿发育造成子宫不断增大，压迫到下腔静脉，使血液循环回流不畅，血管内的液体成分渗出血管，积聚在组织间隙中形成的。

　　孕期水肿主要出现在下肢，通常是晨轻夜重，即早晨起床时不太明显，经过白天久站，晚上睡觉前水肿症状比较严重。有些准妈妈腰部及阴唇部位的水肿症状也比较明显，有的则会出现全身水肿。

　　孕期水肿一般是正常生理现象，产后会自动消失。但如果准妈妈发现自己的下肢水肿经过6小时以上的休息仍不能消退，并有愈发严重的趋势，就可能是病理性水肿，要及时到医院就诊。如同时有心脏病、肾病、肝病、高血压等疾病发生，更需要引起高度重视，以免对准妈妈和胎儿产生危害。

饮食原则

　　预防和缓解水肿，准妈妈主要需要做到的是不吃难消化或易胀气的食物。如油炸的糯米糕、白薯、洋葱、韭菜等，以免引起腹胀，血液回流不畅，引发水肿或加重水肿。

　　同时，要控制水分的摄入，以免饮水过多积水助湿，加重水肿状况。另外，冬瓜、西瓜、红豆等含有丰富的钾和果糖，具有利尿作用，可以减少体内的水分，准妈妈可以选择进食。

　　为预防或减轻水肿，准妈妈不要吃过咸和过甜的食物。因为过咸的食物容易使水钠滞留；过甜的食物则容易积甘助湿，都会导致水肿加重。饮食不可过咸，也要避免食用腌肉、泡菜、腐乳、话梅等高盐食物。但也不必无盐饮食，以免体内钠缺乏。

有效食材

　　鸡胸肉、蛋、虾、西红柿、柚子、草莓、葵花子、玉米、核桃、大豆、菠菜、核桃仁、鲤鱼、红豆、芦笋、大蒜、南瓜、菠萝、葡萄等。

　　每天进食足够量的蔬菜、水果。蔬菜和水果具有增强机体免疫力，解毒利尿，加强新陈代谢的作用。

玉米煲老鸭

原料 玉米2根，老鸭1只，猪脊骨200克，猪瘦肉100克，姜1块，葱1根

调料 盐适量，鸡精1小匙

做法

1.先将玉米洗净，斩段；脊骨斩块，猪瘦肉切块，姜去皮；老鸭处理干净，剖好斩块；葱切段。

2.砂锅烧水，待水沸时，将老鸭、脊骨、猪瘦肉汆烫去血水，捞出洗净。

3.将老鸭、猪瘦肉、脊骨、玉米、姜放入砂锅中，再加入清水，煲2个小时后调入盐、鸡精，加少许葱段和姜即可。

食疗提示

鸭肉鲜嫩肥美，营养丰富，食用鸭肉可消暑滋阴、健脾化湿、补益虚损，实为夏季清补之佳品。低热、虚弱、食少、大便干燥和水肿准妈妈食鸭肉最为有益。

荸荠鲜藕萝卜饮

原料 荸荠、鲜藕、白萝卜各200克

做法

1.荸荠去皮，洗净切片；鲜藕、白萝卜洗净，切成薄片。

2.将荸荠、鲜藕、白萝卜片一起放入锅中，加适量清水，煎成汁即可。

食疗提示

每天喝1次，可以辅助治疗妊娠水肿。

排骨炖冬瓜

原料 猪排骨250克，冬瓜150克，葱白1段，姜3片

调料 料酒1大匙，盐、鸡精各适量

做法

1.排骨洗净，剁成块，投入沸水中汆烫，捞出沥干水；冬瓜洗净，切成比较大的块。

2.将排骨块放入砂锅，加适量清水，加入生姜、葱白、料酒，先用大火烧开，再用小火煲至排骨八成熟，倒入冬瓜块，煮熟。

3.拣去生姜、葱白，加入盐、鸡精搅匀即可。

食疗提示

本汤羹味美可口，具有补虚消肿、减肥健体的功效，适用于水肿、肥胖的准妈妈食用。

失眠

怀孕后，由于准妈妈的身体变化，使得多年来养成的最佳睡眠姿势和习惯变得不再令人舒适，从而辗转难眠，即使睡着了也很容易醒。怀孕后的心理压力以及各种忧虑，也会让准妈妈变得多梦，甚至噩梦不断。尤其是到临近分娩时期，各种担心会让准妈妈越来越紧张，加上腹部太大造成姿势受限、呼吸困难以及胎儿活动频繁等，失眠就会更加重。还有，体内激素改变也是影响准妈妈睡眠的一个因素。

对准妈妈来说，孕期失眠不仅影响心情，对整个身体都可能造成伤害。睡眠不足容易导致身体免疫力下降，使得准妈妈对各种疾病的抵抗力减弱，从而容易患高血压、糖尿病、肥胖、心脏病等。这些疾病都可能给准妈妈和宝宝的健康造成一定的影响。

 饮食原则

要避免失眠或缓解失眠症状，应注意分析原因，以方便进行饮食调节。

因身体虚弱出现失眠：可以多摄取含铁质的食物补铁补血，如绿色蔬菜、贝类等，这些食物既营养健康又能调理睡眠。

因精神压力大、情绪不佳而出现的失眠：应及时向家人求助，调整心情，释放压力，并注意在睡前少食用咖啡、茶、油炸食物等影响情绪的食物。

因疲劳而出现的失眠：可以在睡前吃一些苹果、香蕉、橘子、橙子、梨等具有镇静作用的水果，抑制大脑皮层的兴奋性，使自己尽快进入睡眠状态。

因腿抽筋引起的睡眠中断：应注意及时补充钙、镁及B族维生素，睡前喝温牛奶就有比较好的效果。另外，睡觉时应尽可能采取左侧卧位，并注意下肢的保暖，尽量减少抽筋发作的次数。

此外，准妈妈适当多摄取蔬菜和水果等含大量膳食纤维和维生素C的食物，减少动物性蛋白质以及精制淀粉、白米饭、甜食，可以避免失眠或减轻症状。

 有效食材

莴苣、南瓜、甘蓝、鱼、花生仁、大豆、猪肝、鸡肝、豌豆、柑橘、柠檬、西蓝花、莲子、葵花子、红枣、蜂蜜、牛奶、黑木耳、苹果、藕等。

大枣莲子汤

原料　大枣10个，去心莲子15粒

调料　冰糖适量

做法

1.先将莲子用清水浸泡1～2小时；大枣洗净。

2.把泡好的莲子与洗净的大枣一起放锅内煎煮。

3.等到煮至质软汤浓时，加入适量冰糖调匀即可。

　食疗提示

准妈妈在睡前30分钟喝一碗大枣莲子汤，对睡眠很有帮助。

金针菇排骨汤

原料　金针菇50克，黄豆150克，排骨100克，红枣4颗，生姜1块

调料　盐1小匙

做法

1.黄豆用清水泡软，清洗干净；金针菇的根部用剪刀剪去，洗净打结。

2.生姜洗净切片；红枣洗净去核；排骨用清水洗净，放入滚水中烫去血水。

3.汤锅中倒入适量清水烧开，放入所有原材料，用中小火煲3小时，加盐调味即可。

　食疗提示

金针菇性味甘凉，有安神、止血、消炎、清热、利湿、消食、明目等功效，对吐血、大便带血、孕期失眠、乳汁不下等有疗效，也可作为病后或产后的调补品。

百合冰糖蛋花汤

原料　鸡蛋2个，百合30克

调料　冰糖适量

做法

1.百合用清水冲洗干净，捞出，沥干水分。

2.鸡蛋洗净，将蛋液磕入碗中，搅匀。

3.百合放入锅中煮至熟烂后放入冰糖，把搅好的鸡蛋液调入锅内，调匀即可。

　食疗提示

百合中含有的百合苷，有镇静和催眠的作用。准妈妈常喝这道汤可以治疗失眠。

感冒

　　怀孕期间，准妈妈的鼻、咽、气管等呼吸道黏膜容易出现肥厚、水肿、充血等现象，抗病能力下降，所以容易感冒。一旦感冒了，要及时去医院就诊，分清是普通型的小感冒，还是病毒性的流行性感冒。程度轻的小感冒，若不发烧，或发烧时体温不超过38℃，可以不用治疗。准妈妈只需注意多喝白开水，保持睡眠充足，多吃水果和绿色蔬菜，注意保暖等即可。如果患有流行性感冒或严重感冒，高烧达39℃以上，感冒症状持续3天以上，就必须在医生指导下，进行针对性的治疗，以免胎儿受影响。

　　孕早期感冒要禁用一切药物。可在医生指导下采取非药物疗法进行治疗。

　　孕中期感冒要慎用药，像庆大霉素、链霉素、卡那霉素等对听觉神经有损害的药物应慎用，最好不用。

　　孕晚期感冒可在医生指导下按常规方法治疗。但不要使用抗生素类药物。

 饮食原则

　　感冒时多喝热粥，有助于发汗、散热、祛风寒，促进感冒的治愈，而且粥较清淡，也有助于消化吸收，而粥的润滑也可以起到保护胃黏膜的作用。

　　需要注意的是，冬日煮粥以大米较好。因为大米性味甘平，有和胃气、补脾虚、壮筋骨和五脏的功效，而其他米，如小米、薏米都是性味甘、微寒的食物，不是很适合冬日食用。

　　另外，感冒后饮食宜清淡，以稀饭、面汤、新鲜蔬菜和水果为宜，忌食油腻、生冷、黏滞、酸腥等物，如粽子、冰品、巧克力、劣质海鲜等，并应注意保暖，勿淋雨、涉水及饮冰品，以免二度感冒。

 有效食材

　　风寒感冒（发热、怕冷，甚至打寒战，无汗、周身酸痛、鼻塞）宜多吃发汗散寒食品，如辣椒、葱、生姜、大蒜等。

　　风热感冒（发热、咽部肿胀、鼻塞、口渴、大便干燥）宜多食有助于散风热、清热的食品，如绿豆、萝卜、白菜等。

桑叶枇杷粥

原料 桑叶18克，枇杷叶10克，甘蔗100克，薄荷6克，大米60克

做法

1.将上述药物洗净切碎；大米淘洗干净。

2.将处理好的食、药材放入锅中，加水适量，煎煮取汁，加入大米煮至粥稠，趁热服。

食疗提示

桑叶、薄荷清热生津，枇杷叶肃肺止咳，甘蔗、粳米生津益胃，适用于肺胃蕴热、外受风热的感冒准妈妈食用。

薏米扁豆粥

原料 薏米30克，扁豆15克，山楂15克

调料 红糖适量

做法

1.将薏米淘洗干净；扁豆洗净，切小段；山楂洗净，去核。

2.将薏米、扁豆、山楂一起放入砂锅内，加适量清水煮粥，粥成后加红糖调味。

食疗提示

薏米扁豆可强健脾胃去湿气，能促进肠胃吸收，还可加强体力以对抗感冒病毒，非常适合初起感冒者食用。另外，准妈妈煮此粥时，可以不加山楂，因为山楂易引起宫缩，导致流产，尤其有流产史的准妈妈要忌吃。

姜丝萝卜饮

原料 生姜丝25克，萝卜丝50克

调料 红糖适量

做法

1.生姜丝、萝卜丝加适量水煎15分钟。

2.加入适量红糖，煮沸即可。

食疗提示

主治风寒感冒。趁热喝下，然后盖被发汗。出汗后即愈。

妊娠高血压

　　妊娠高血压综合征简称妊高征，以高血压、水肿、蛋白尿为主要症状，主要发生在怀孕24周以后，怀孕32周后是高发期。身体矮胖、贫血、有高血压家族史、羊水过多、年轻初产妇或高龄初产妇、怀有双胞胎的准妈妈、患有慢性肾炎或糖尿病的准妈妈，是妊娠高血压综合征的易发人群。突然的寒冷刺激可以使妊娠高血压综合征的发生概率升高，所以冬季、初春寒冷季节和气压升高的天气很容易使准妈妈发病。

　　妊高征不仅严重影响准妈妈的健康和生命，还可能引起胎盘坏死，影响胎儿大脑发育，甚至出现宫内窒息，引起早产和死亡。

　　怀孕20周以后，准妈妈必须每两周测量一次血压，化验一次尿蛋白；怀孕30周以后每周要检查一次，直至分娩为止。这种定期检查对及时发现妊娠高血压综合征的发生，保证准妈妈和宝宝的安全和健康，有非常大的好处。

⭐ 饮食原则

　　预防妊娠高血压最好的方法是维持良好的营养状况。尽量做到每日均衡食用牛奶、大豆及制品、海产品等含钙丰富的食品。多吃鱼肉、牛羊肉、禽类、蛋类，还有水果和蔬菜。

　　控制钠盐的摄入量。烹调时少用食盐或酱油，每日摄入盐2克～5克，酱油不超过10毫升；不吃腌咸的肉和菜，如咸肉、火腿、咸鸡（鸭）蛋、咸鱼、腌菜、榨菜、雪菜、酱菜等含盐量高的食品，以减少钠滞留；不吃碱或苏打制作的食物。

　　注意不吃、少吃高热量的食物。少食含脂肪多的食物，如油炸食品、猪肉、动物油、黄油糕点等；适当控制过高蛋白质的摄入，尤其是患妊娠高血压综合征同时肾功能较差的准妈妈，必须要适当控制蛋白质的摄入量，以免症状加重，负担加重；减少甜食和含淀粉高的食品，如冰淇淋、糖果、米、面类等；减少零食，如花生、瓜子、小食品等。

⭐ 有效食材

　　新鲜蔬菜、新鲜水果、脱脂奶、酸奶、土豆、鸡肝、猪肝、蛋、瘦牛肉、豆浆、豆腐、带鱼、鲫鱼、虾、牡蛎、海带、木耳等。

天麻鸭子

原料 鸭子半只（约500克），天麻片15克，生地片30克

调料 盐少许

做法

1.鸭子去毛、去内脏，洗净，切成小块。

2.将鸭块与天麻片、生地片一起放入砂锅，加适量清水，炖至鸭肉烂熟。

3.加入少许盐调味即可。

 食疗提示

食肉饮汤，宜常服。可以平肝滋阴，主治以头晕、头痛、抽搐为主要症状的阴虚阳亢型妊娠高血压综合征。

香菇荞麦粥

原料 粳米50克，荞麦30克，香菇30克

做法

1.香菇浸入水中，泡开，去蒂洗净，切成丝。

2.粳米和荞麦淘洗干净，放入锅中，加适量水，开大火煮。

3.沸腾后放入香菇丝，转小火，慢慢熬制成粥即可。

 食疗提示

荞麦中含有丰富的亚油酸、柠檬酸、苹果酸和芦丁，对预防妊娠高血压有一定的作用。但荞麦较难消化，一次不宜多食。

拌双耳

原料 银耳(干)、黑木耳(干)各100克，葱丝、彩椒丝适量

调料 盐、白糖各1小匙，香油、醋、鸡精、胡椒粉各适量

做法

1.将银耳和黑木耳分别用温水泡发，去掉根蒂，洗净，撕成小朵，用开水汆烫，捞出投凉，再捞出沥干水。

2.将银耳和黑木耳装入盘中，撒上葱丝、彩椒丝。

3.将盐、醋、鸡精、白糖、胡椒粉、香油用冷开水调匀，浇在银耳和黑木耳上，拌匀即可。

 食疗提示

银耳和黑木耳都是降压的天然药材，而且对便秘也有很好的改善作用，可以预防准妈妈因为大便用力导致的血压上升。

妊娠糖尿病

妊娠糖尿病是指怀孕后才出现的糖尿病。多出现在孕20～24周之后。发生率为3%～6%。由于准妈妈的糖代谢出现异常，摄入的葡萄糖不能充分利用，分解代谢反而增快，体力得不到补充，患妊娠糖尿病的准妈妈特别容易感到疲乏无力。还有的会以真菌性阴道炎为先期症状。所以当准妈妈在孕期出现以上症状时要赶紧去医院诊断是否已患有妊娠糖尿病。

有家族糖尿病史、肥胖、不明原因死胎或新生儿死亡史、前胎有巨婴症、羊水过多、年龄超过30岁的准妈妈都是妊娠糖尿病的易发人群。

妊娠糖尿病会严重影响准妈妈的健康，严重时还可能引发败血症和感染性酮症酸中毒，危及准妈妈的生命。同时，妊娠糖尿病还会使宝宝的体重增长过快，形成巨大儿；也会增加早产和死胎的概率；还可能使宝宝出生后并发低血糖症和呼吸窘迫综合征，严重者也会死亡。

准妈妈一旦患有妊娠血糖病一定要赶紧去看医生，以方便医生控制病情，早治疗，从而减少准妈妈患病的概率并保证胎儿安全。

 ## 饮食原则

一般患轻型糖尿病的准妈妈，可以通过饮食对摄入的总能量进行控制。经过反复调整，使餐后血糖保持正常，体重和胎儿发育正常。如果病情较严重，除了要控制饮食外，最好应用胰岛素治疗。

另外，应多吃一些蔬菜和含糖分低的水果。蔬菜和水果含有大量的水溶性维生素和矿物质，还含有丰富的可溶性和不可溶性膳食纤维，能降低肠道胆固醇的吸收，并能增加饱腹感，防止摄入过多热量。

 ## 有效食材

玉米、小米、薏米、荞麦、豆腐、黑豆、牛肉、鸡肉、猪肝、牡蛎、鳝鱼、鲫鱼、鳗鱼、白菜、卷心菜、菠菜、山药、芹菜、洋葱、菜花、黄瓜、苦瓜、西红柿、冬瓜、南瓜、莴笋、魔芋、萝卜、黑木耳、香菇、苹果等。

橙皮黄瓜片

原料 黄瓜2根，橙皮1块
调料 醋适量
做法

1.黄瓜洗净去皮，切长片。

2.橙皮洗净，切成细丝，放入黄瓜片中间，整齐地摆放盘中。

3.将醋浇在上面，即可上桌食用。

食疗提示

黄瓜中含有丙醇二酸，可以有效抑制糖类物质在体内转化成脂肪，对治疗糖尿病有一定的作用。

香脆银耳盅

原料 银耳20克，罐头红樱桃3颗
调料 香油适量
做法

1.将银耳用温水泡发，去蒂洗净，撕成小朵。红樱桃用清水投洗一遍，切成小片。

2.锅中加适量清水，放入银耳，大火烧开，转小火炖至银耳软烂。

3.取几个小碗洗净，擦干水，抹上香油，放入樱桃片，倒入熬好的银耳汤，冷却后放入冰箱，食用时取出即可。

食疗提示

银耳含有的能量很低，但含有丰富的膳食纤维，有延缓血糖上升的作用。

恶露不尽

分娩后，新妈妈的阴道里会流出一些由血液、坏死的蜕膜组织、细菌及黏液等混合而成的红色或红棕色液体，在医学上称为"恶露"。恶露一般在产后4~6周内排除干净。如果产后6周以后，恶露仍然排不干净，则为"恶露不尽"，是妈妈的子宫复原出现问题的表现，需要及时到医院检查和治疗。妊娠月份较大、子宫畸形、子宫肌瘤、剖宫产手术操作者技术不熟练使妊娠组织物未完全清除、宫腔感染等原因都可能引起恶露不尽。如果听之任之，不但影响妈妈的身体恢复，还可能引起其他疾病。

⭐ 饮食原则

产后新妈妈饮食宜清淡而富于营养，在稀软的原则上要多样化，一般应慎食生冷、辛辣之物，辣椒、葱、姜、蒜、胡椒、酒等辛辣刺激食品能助湿生热，导致盆腔充血，对康复不利，所以应忌食。还要忌食生冷黏滑、粗糙坚硬、油煎、油炸和含油脂较多的不易消化食物，以免损伤脾胃，妨碍身体康复。另外，要注意不宜大补。产后大补很容易导致血管扩张，血压上升，可能会加剧出血，延长子宫的恢复期，引起恶露不绝。所以，这个时期应少吃桂圆、人参等大补性食品。

⭐ 有效食材

白菜、菜花、莴苣、西红柿、丝瓜、藕、冬瓜、萝卜、橘子、苹果、柚子、枇杷、葡萄。另外还有一些活血化瘀的中药，如益母草、山楂、当归、党参、黄芪等，也适合恶露不尽的准妈妈食用。

益母草煲鸡蛋

原料 益母草30克～60克，鸡蛋2个
做法

1.将益母草、鸡蛋（不磕破）洗净，加水同煮。

2.鸡蛋熟后去壳再煮片刻，吃蛋饮汤即可。

食疗提示

益母草有活血调经、利尿消肿等功效，常用于痛经、月经失调、产后恶露不尽、血瘀腹痛等病症的治疗。

山楂红糖饮

原料 新鲜山楂30克
调料 红糖30克
做法

1.先清洗干净山楂，然后切成薄片，晾干。

2.在锅里加入适量清水，放入山楂，大火将山楂煮至烂熟。

3.再加入红糖稍微煮一下，出锅后即可。

食疗提示

每天食用2次。山楂可以散瘀血，加之红糖补血益血的功效，可以促进恶露不尽的妈妈尽快化瘀，排尽恶露。

小米鸡蛋红糖粥

原料 新鲜小米100克，鸡蛋3个
调料 红糖适量
做法

1.将小米淘洗干净。

2.锅中加清水烧开，放入小米，用中火熬煮。

3.待煮开后改成小火，直至粥烂熟。

4.将鸡蛋打入粥中，搅匀，稍煮后放入红糖即可。

食疗提示

小米营养丰富，是产后补养的佳品。与鸡蛋、红糖一起食用，可以补脾胃，益气血，活血脉，适用于产后虚弱、口干口渴、恶露不尽等症的准妈妈食用。

胎儿器官发育与所需营养素

孕周	胎儿器官系统发育	所需营养素	食物来源
5周	神经系统和循环系统开始分化	均衡营养	均衡饮食
7周	面部器官开始发育，手臂和腿萌出嫩芽	蛋白质、钙、铁、铜、维生素C、维生素A	鱼、蛋、红绿色蔬菜、肝、内脏、鱼肝油
9周	上肢和下肢的末端出现了手和脚	镁、钙、磷、铜、维生素A和维生素D	蛋、牛奶、乳酪、鱼、黄色绿色蔬菜、鱼肝油
12周	脑细胞增殖，肌肉中的神经开始分布	脂肪、蛋白质、钙、维生素D	奶、鱼、蛋、干果
15周	骨骼正在迅速发育，可以做许多动作和表情	钙、磷、维生素D、维生素B_1、维生素B_2、维生素A	胚芽米、麦芽、酵母、牛奶、内脏、蛋黄、胡萝卜、豆类制品
18周	循环系统、泌尿系统开始工作，肺部发育，听力形成	蛋白质、钙、铁、维生素A	奶、蛋、肉、鱼、豆、黄绿色蔬菜
20周	视网膜开始形成，对强光有反应，大脑功能分区	蛋白质、亚油酸、钙、磷、维生素A	肝、蛋、牛奶、乳酪、鱼、黄绿色蔬菜、红绿色蔬菜、干果
23周	视网膜形成，乳牙的牙胚开始发育	维生素A、钙、磷、维生素D	肝、蛋、牛奶、乳酪、黄绿色蔬菜
26周	听力发展，呼吸系统正在发育	蛋白质、钙、维生素D	蛋、牛奶、海产品、豆、鱼、红绿色蔬菜、骨汤
28周	外生殖器官发育，听觉神经系统发育完全，脑组织快速增殖	蛋白质、维生素A、维生素B	肝、蛋、牛奶、乳酪、黄绿色蔬菜、鱼
32周	肺和消化系统发育完成，身长增长趋缓，体重迅速增加	蛋白质、脂肪、碳水化合物、维生素B	蛋、肉、鱼、奶、绿叶蔬菜、糙米
36周	各组织器官发育接近成熟，长出一头胎发	蛋白质、脂肪、碳水化合物	蛋、肉、鱼、奶、土豆、玉米
40周	双顶径大于9厘米、足底皮肤纹理清晰	铁	肝、蛋黄、牛奶、内脏、绿叶蔬菜、豆类

⭐ 常见食物热量高低分类

日常食用的食物热量，可以按以下表格大致分类，准妈妈只要大致掌握饮食的热量等级，就可以把握自己的热量摄入了。

类别	低热量食物	中热量食物	高热量食物
五谷根茎类及其制品	白米饭、糙米饭、无糖白馒头、米粉、薏仁、燕麦片、红豆、绿豆、莲子	吐司、面条、小餐包、玉米、苏打饼干、高纤饼干、蛋糕、芋头、红薯、马铃薯、小汤圆、山药、莲藕	各式甜面包、油条、丹麦酥饼、小西点、鲜奶油蛋糕、派、爆玉米花、甜芋泥、炸地瓜、八宝饭、八宝粥、炒饭、炒面、水饺、烧卖、锅贴儿、油饭
奶类	脱脂奶或低脂奶、低糖酸奶	全脂奶、调味奶、酸奶	奶昔、炼乳、养乐多、奶酪
鱼、肉、蛋类	鱼肉（背部）、海蜇皮、海参、虾、乌贼、蛋白	瘦肉、去皮的家禽肉、鸡翅膀、猪肾、鱼丸、贡丸、全蛋	肥肉、五花肉、牛腩、肠子、鱼肚、肉酱罐头、油渍鱼罐头、香肠、火腿、肉松、鱼松、炸鸡、盐酥鸡、热狗
豆类	豆腐、无糖豆浆	甜豆花、咸豆花	油豆腐、炸豆包、炸臭豆腐
蔬菜类	各种新鲜蔬菜及菜干	腌渍蔬菜	炸蚕豆、炸豌豆、炸蔬菜
水果类	新鲜的水果	纯果汁	果汁饮料、水果罐头、蜜饯
油脂类	低热量沙拉酱	植物油	动物油、人造奶油、沙拉酱、花生酱、咸肉、黑芝麻酱、腰果、花生、核桃、瓜子
饮料类	白开水、无糖茶类、低热量可乐、咖啡（不加糖、奶精）	低糖茶类、咖啡	一般汽水、果汁、运动饮料、奶茶、含糖饮料
调味品	盐、酱油、醋、葱、姜、蒜头、胡椒、生辣椒、芥末、八角、五香粉		西红柿酱、沙茶酱、香油、蜂蜜、果糖、蛋黄酱、油葱、辣油、豆瓣酱
甜食			糖果、巧克力、冰淇淋、甜甜圈、酥皮点心、布丁、果酱、萨其马
零食		海苔、米果	方便面、牛肉干、鱿鱼丝、薯片、各类油炸制品

图书在版编目（CIP）数据

怀孕+坐月子怎么吃：协和营养师告诉你 / 李宁主
编. —2版.—北京：中国妇女出版社，2015.11
　　ISBN 978-7-5127-1177-8

　　Ⅰ.①怀… Ⅱ.①李… Ⅲ.①围产期—保健—食谱
Ⅳ.①TS972.164

　　中国版本图书馆CIP数据核字（2015）第242191号

怀孕+坐月子怎么吃——协和营养师告诉你

作　　者：李　宁 主编
选题策划：晓　春
责任编辑：晓　春
封面设计：柏拉图
责任印制：王卫东
出版发行：中国妇女出版社
地　　址：北京东城区史家胡同甲24号　　　邮政编码：100010
电　　话：（010）65133160（发行部）　　65133161（邮购）
网　　址：www.womenbooks.com.cn
经　　销：各地新华书店
印　　刷：中国电影出版社印刷厂
开　　本：170×240　1/16
印　　张：15
字　　数：250千字
版　　次：2015年11月第1版
印　　次：2015年11月第1次
书　　号：ISBN 978-7-5127-1177-8
定　　价：38.00元